恐龙小Q

自然简史

史前生物探索之旅

恐龙小Q少儿科普馆　编

北京日报出版社

目录

自然简史——史前生物探索之旅

目录

自然简史——史前生物探索之旅

地球多大了

约 46 亿年前，地球在太阳系中诞生了。

科学测定地球年龄

准确地测量地球的年龄并不是一件容易的事。直到1953年，克莱尔·帕特森才通过同位素法科学地测定了地球的年龄约为45.5亿岁。

20世纪60年代末，科学家又测定了取自月球表面的岩石标本，发现月球的年龄约为45亿岁。

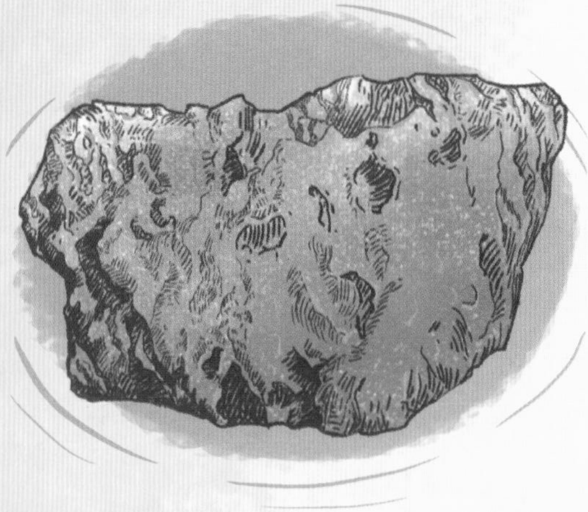

新生代第三纪渐新世后期，人类出现了。

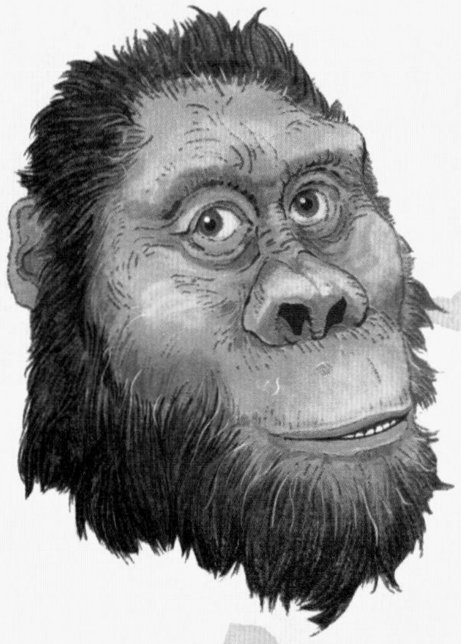

约300万年前，最像人类的阿法南方古猿出现。

新生代

新生代是以一次生物大灭绝事件作为起点的。恐龙退出了历史舞台，为哺乳动物腾出了生态位。

中生代

中生代是地球生命辉煌灿烂的时期。

白垩纪：地壳运动增加，内陆海及沼泽增多，开花植物出现。

侏罗纪：恐龙的全盛期。

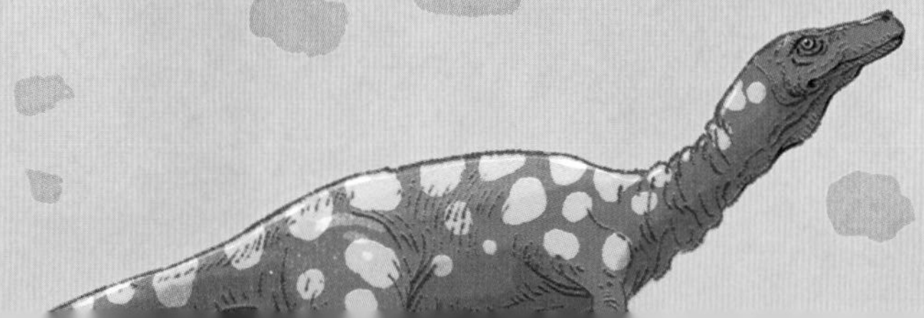

最古老的岩石

地球上最古老的、现有确切年龄的岩石是位于加拿大西北部的“阿卡斯塔”片麻岩，它的年龄约为40亿岁。

古生代

古生代开始了，古生代从寒武纪一直延续到了二叠纪。

三叠纪	恐龙、原始哺乳动物出现。
二叠纪	气候干燥，地壳褶曲，造山运动频繁；第三次生物大灭绝事件发生，95%的海洋生物灭绝。地球从古生代转入中生代。
石炭纪	两栖动物全盛期，巨型有翅昆虫出现，气候温暖潮湿，造山运动频繁。
泥盆纪	气候干燥，海洋开始退却，昆虫、两栖类出现，石松、木贼、真蕨类出现。
志留纪	裸蕨、陆生节肢动物出现。
奥陶纪	海洋面积继续扩大，大量脊椎动物出现。
寒武纪	大型藻类、无脊椎动物出现，气候温和。

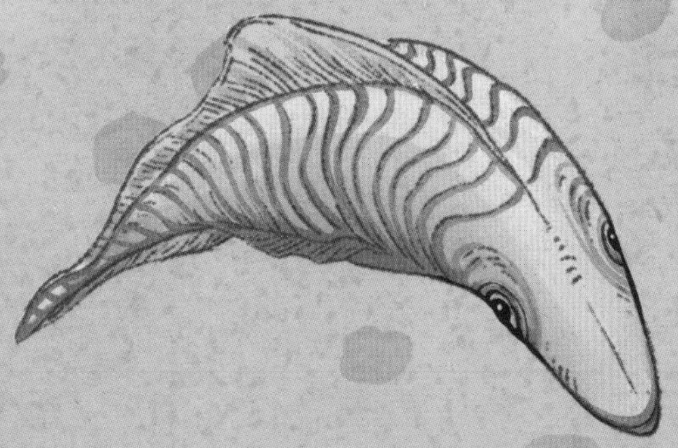

古生代之前

如果把地球46亿年的历史浓缩为一天，即24小时，那么太古代和元古代就占了将近21个小时。那时的地球地表环境恶劣，只有少量的原核生物和真核生物。

生命之初——地球与生命的诞生

地球的诞生

地球最初是由宇宙中的石物质、冰物质和气体组合而成，因为自身引力，更多的物质被吸引过来，相互之间挤压得越来越紧。在地球不断公转和自转的过程中，不同物质被分布在不同的层面，重的物质聚集在中心形成地核，其余物质形成地幔和我们脚下的地壳。

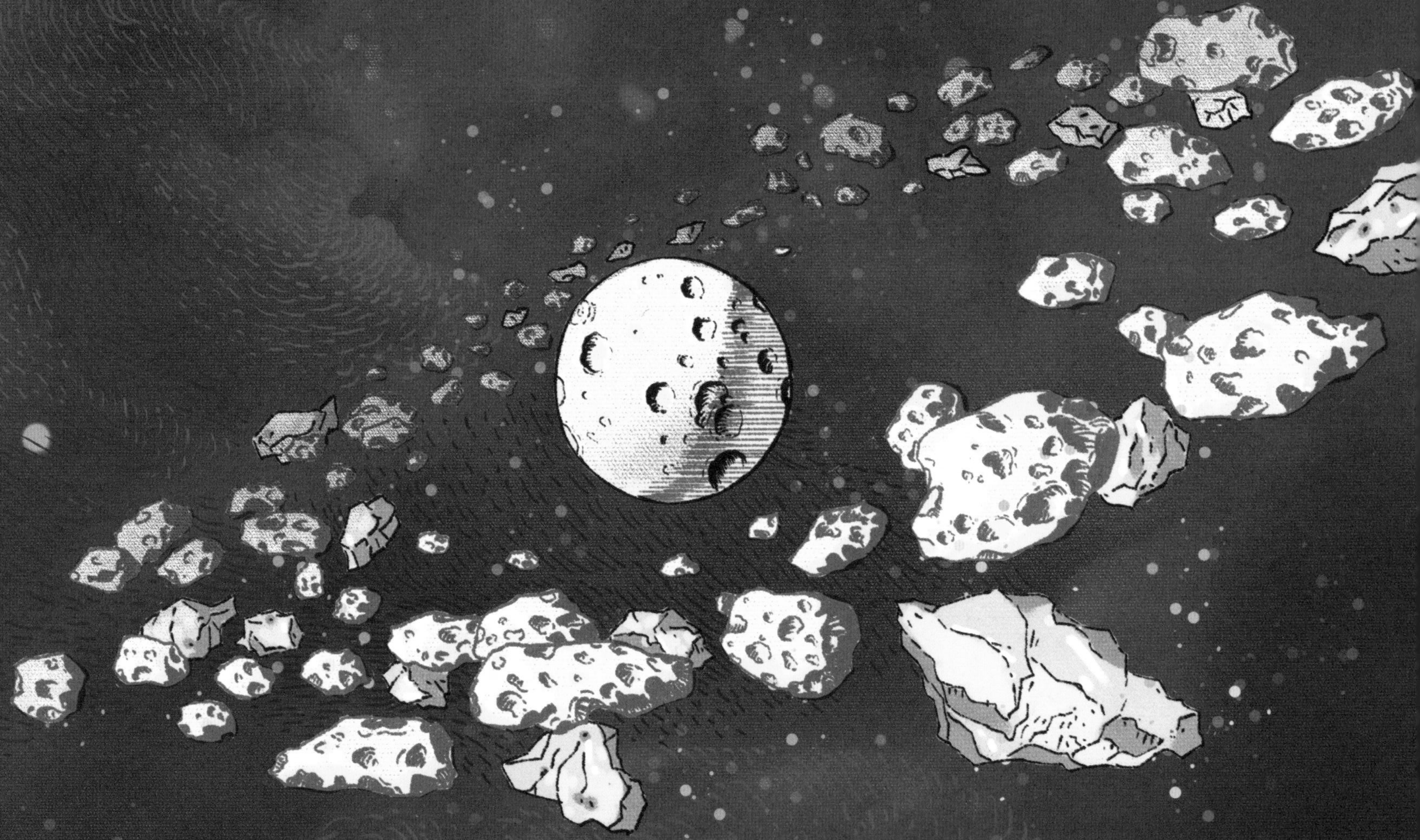

海洋的形成

火山喷出岩浆的同时也喷出了大量水蒸气，水蒸气冷却后变成雨水降落到地面，但由于地面温度很高，雨水再次被蒸发成水汽，同时也带走了地面上的大部分热量，使大地不断降温。周而复始，雨水终于可以在温度较低的地面停留，然后不断汇聚，形成原始海洋，而最初的生命也将从海洋中诞生。

外来星球的撞击也为地球带来了大量冰物质。

生命之初

地球上最初没有氧气，全是二氧化碳、甲烷等气体，但蓝藻却能以二氧化碳为养料释放出氧气，在漫长的时间里逐渐改变了地球的环境，为其他生命的出现创造了条件。

它们的踪迹——化石

许多古生物已经从地球上消失了几百万年甚至上亿年，但我们对其外貌、大小却非常熟悉，似乎它们生活的年代离我们并不远。其实，这主要是因为我们的脚下藏有一本厚厚的“地球生命日记本”，里面详细记载着在地球上生活过的生物的生卒年月、一举一动——这就是化石。

很多化石在地下一睡就是几百万年，由于地壳运动、风沙侵蚀等原因，部分化石偶尔会裸露出来。当然，并非所有古生物的遗体都能形成化石，比如动物化石，只有当动物死亡后其尸体被迅速掩埋才有可能形成化石。

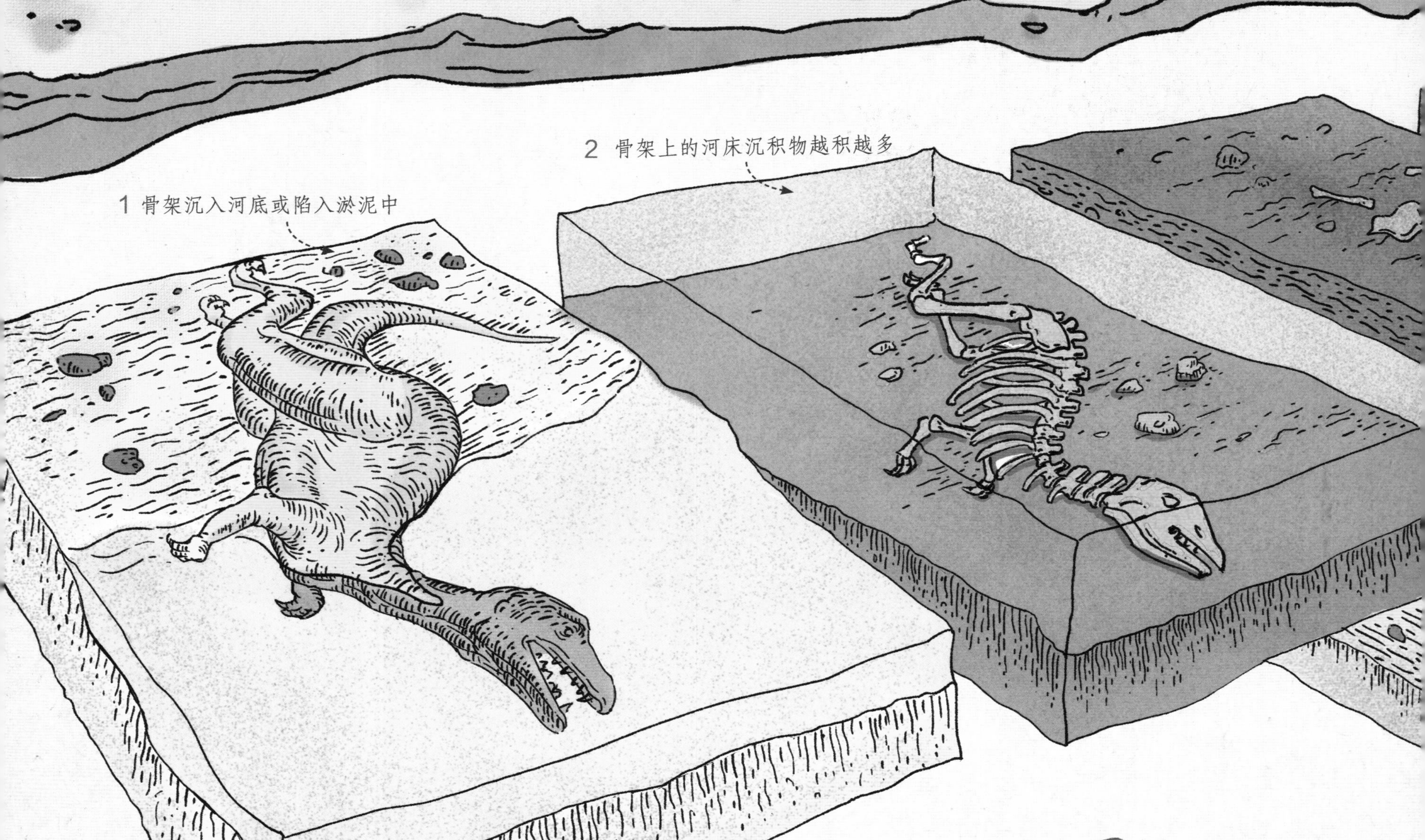

化石的种类

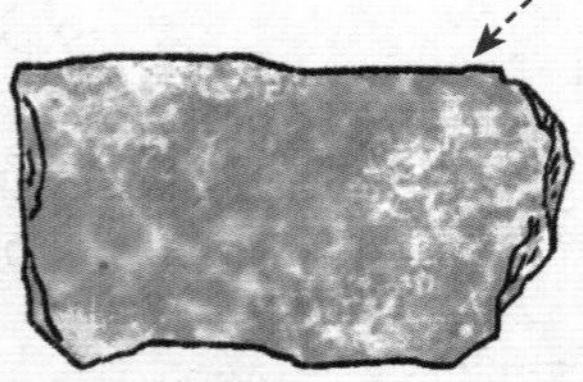

化学化石

原始的生物遗体腐烂之后，其中有些生物化学物质仍然会存留在沉积物中。

实体化石

古生物死亡之后的遗体形成的化石。

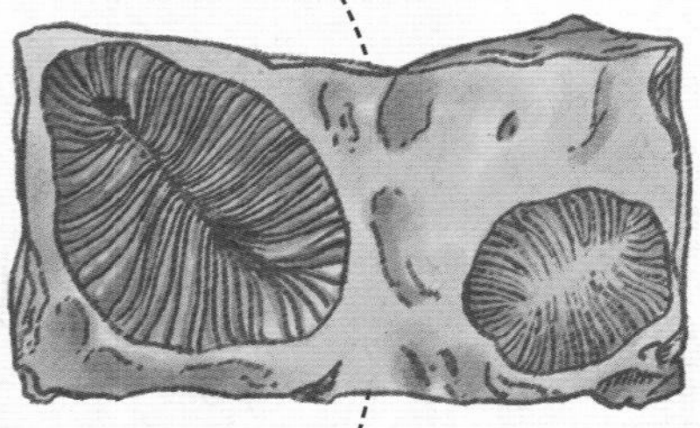

模铸化石

生物遗体在围岩或填充物中留下的各种印模和铸型。

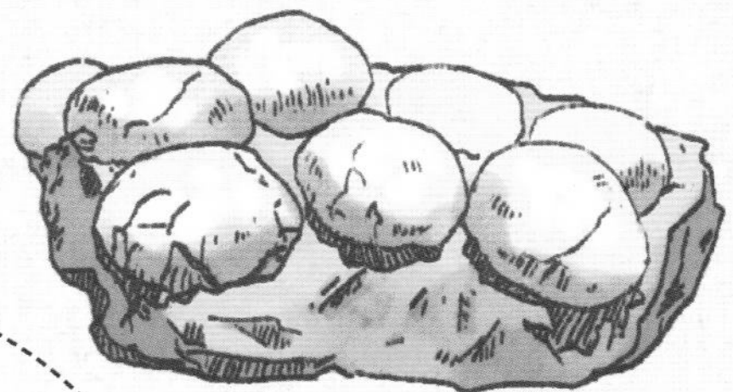

遗迹化石

指生物的生命活动留下的痕迹和遗物，如卵蛋、粪便等。

由海栖细菌形成的叠层石是最古老的化石

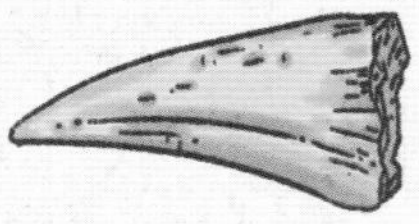

牙齿是常见的化石

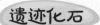

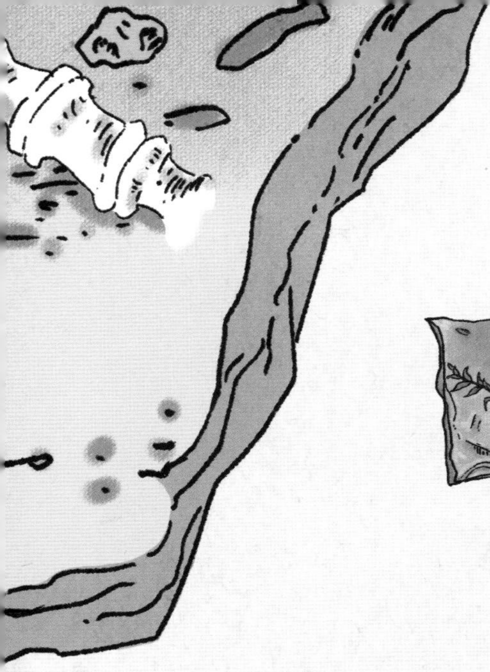

植物化石

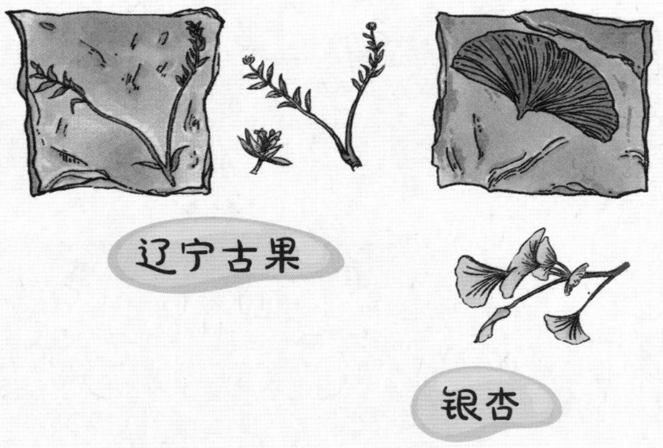

挖掘化石的工具

我们经常把研究古生物化石的科学工作者叫作古生物学家，他们发掘化石所使用的基本工具其实很简单，比如锤子、凿子、镘刀、锥子、刷子等。

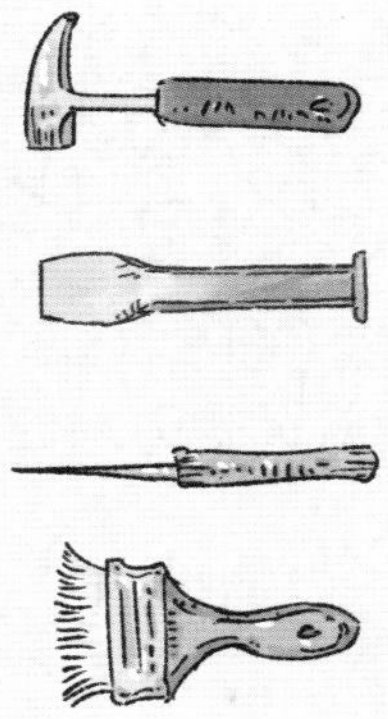

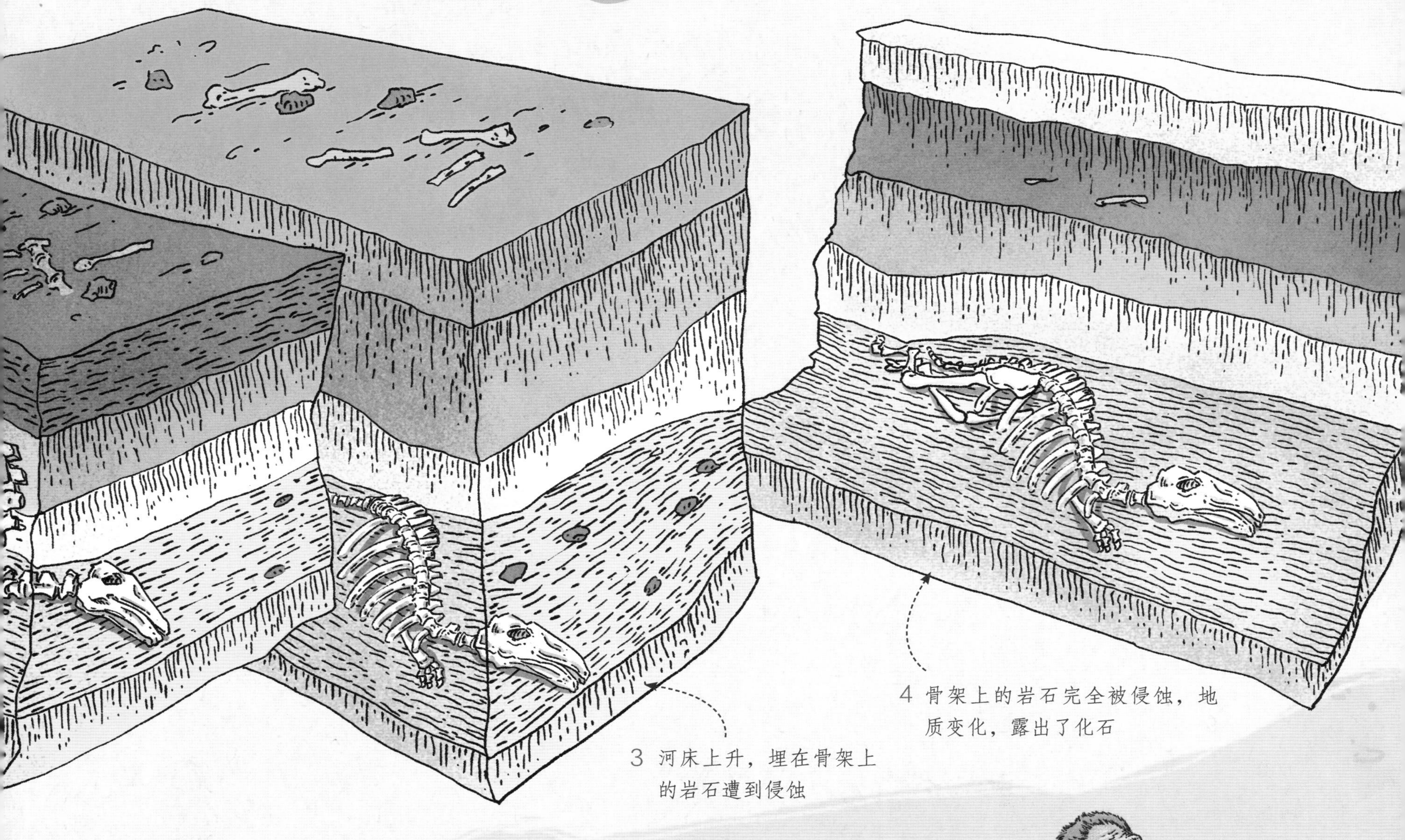

动物化石

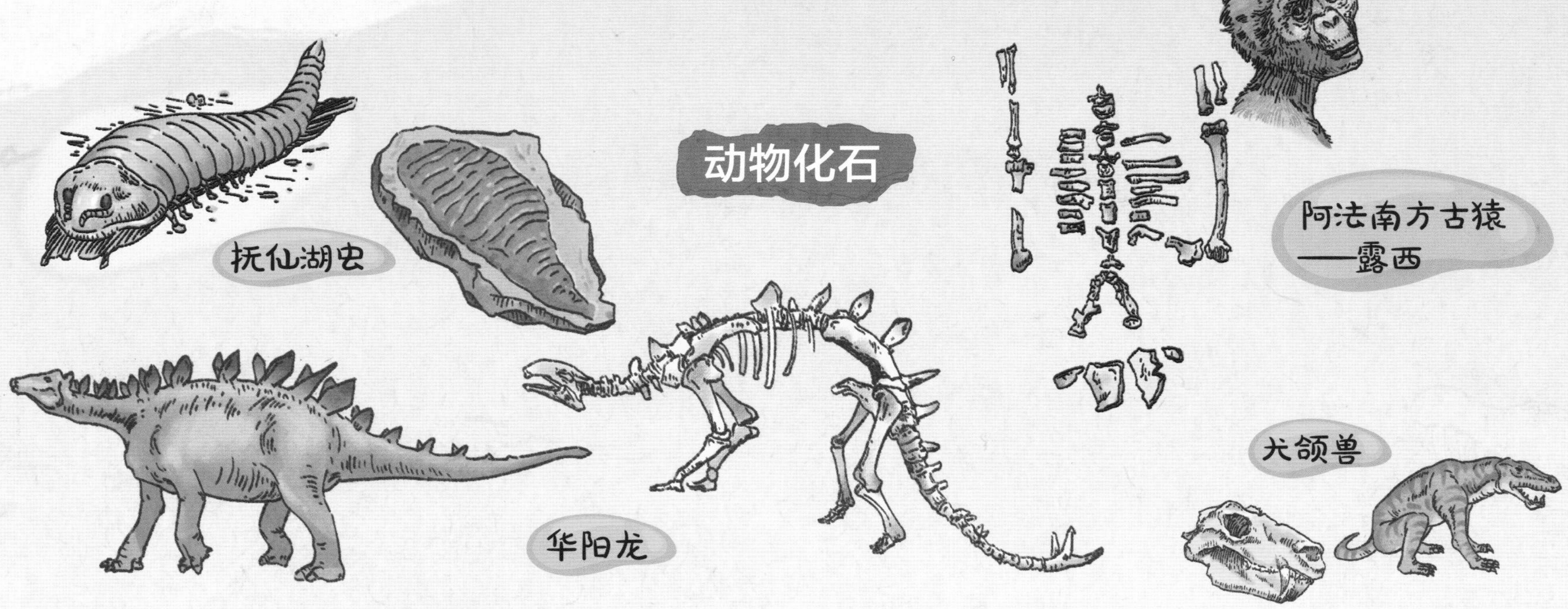

生命的狂欢——寒武纪大爆发

海洋生命大爆发

地球上最早的生命，多是以单细胞形式存在的，在长达几十亿年的时光里，它们的演化速度非常缓慢，而且几乎没有留下什么肉眼可见的痕迹，直到寒武纪的到来。

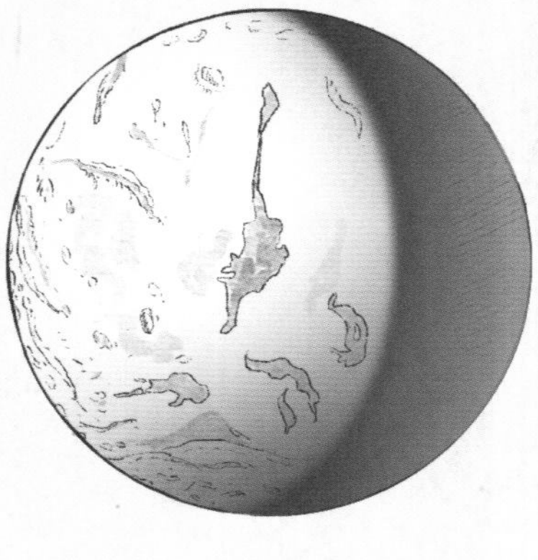

“冰球期”

地球形成之初是一个巨大的“火球”，而在寒武纪之前的上亿年间，地球曾经历过一次漫长的冰期，冰川包裹了整个地球表面，地球由“火球”变成了“冰球”。

“水球期”

到了寒武纪，地球环境开始发生巨变，全球变暖、冰川融化、海平面上升，海洋面积进一步扩大，浅水区域光线充足、温暖适宜，海洋生命迎来了一次物种大爆发。

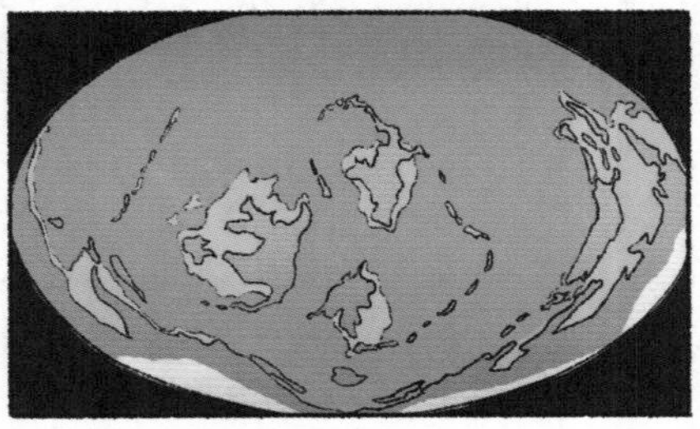

早寒武纪时的地球，海平面上升，很多陆地被海洋淹没。

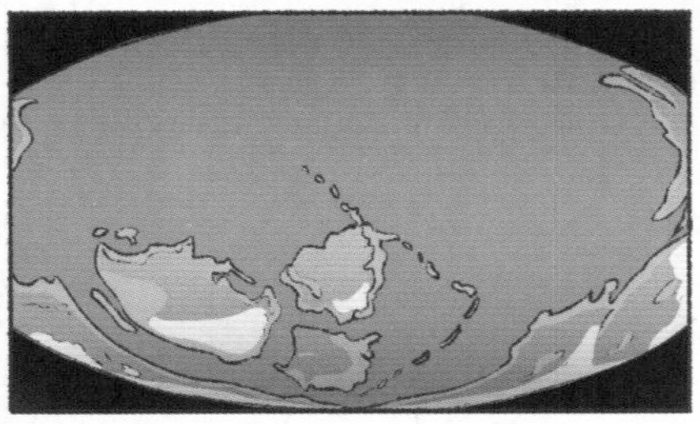

晚寒武纪时，大陆在分裂的同时继续被海洋侵占。

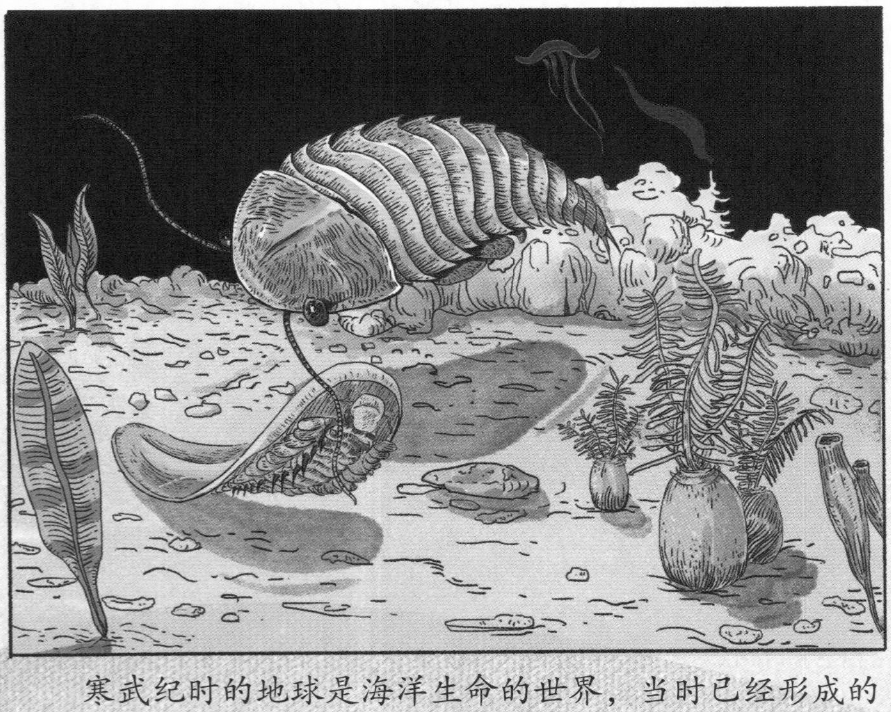

寒武纪时的地球是海洋生命的世界，当时已经形成的古陆上遍布着群山与荒漠，大陆之间彼此孤立、分隔，不具备陆生生物繁衍的条件。

寒武纪生命大爆发的代表——云南澄江生物群

澄江生物群

在云南澄江发现的澄江生物群是寒武纪生命大爆发的窗口，也是目前世界上所发现的最古老、保存最完好的多门类动物化石群，当时海洋生命的多样性令人惊叹。

节肢动物是寒武纪海洋生命中真正的主角，如大名鼎鼎的三叶虫。

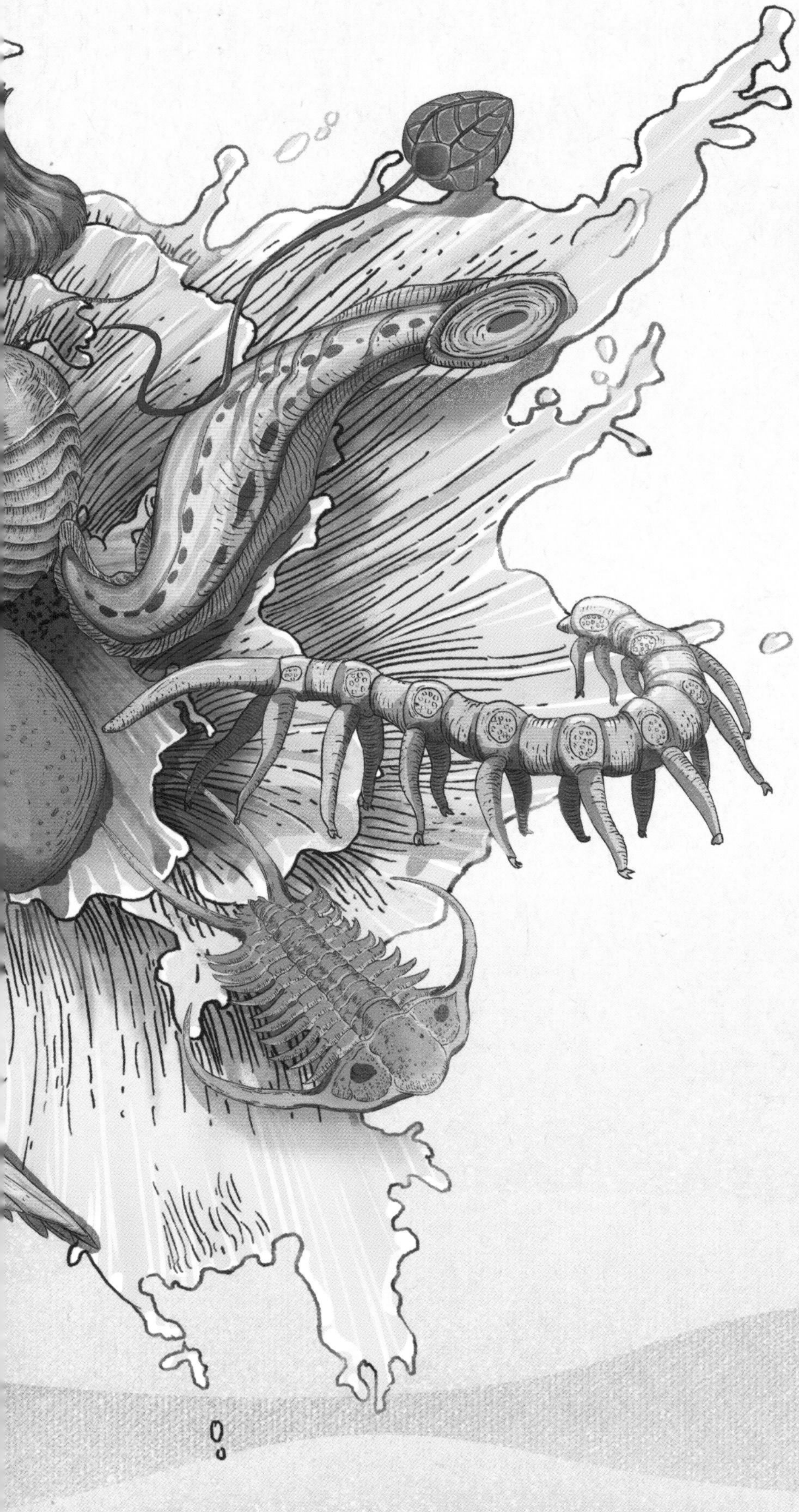

三叶虫

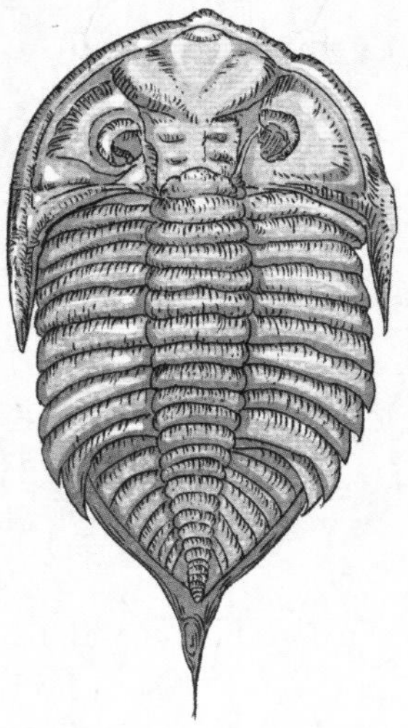

三叶虫是目前已发现的最早的多细胞动物之一，它的生存历程贯穿了恐龙出现之前的整个古生代。

三叶虫身披质地坚硬、厚实的甲壳，把嘴巴、腹部、步足等柔软的部位藏在下面。在个体发育过程中，它们需要经常蜕壳，这也是三叶虫化石为何特别多的原因——大部分已发现的三叶虫化石只是它们蜕掉的空壳而已。

海口鱼

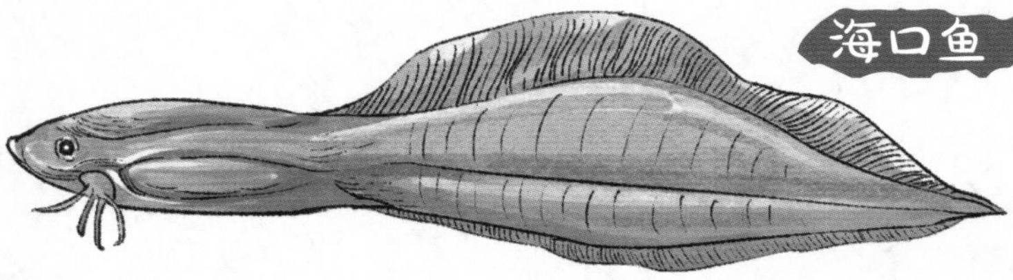

体长3厘米左右的海口鱼是包括我们人类在内所有脊椎动物的先祖。

寒武纪生命大爆发的起源——埃迪卡拉动物群

其实，在遥远的前寒武纪，海洋中已经生活着一批奇特的生物了，它们的体长不等，长相非常怪异，以至于找不到与现存生物的任何相似之处，它们被统称为“埃迪卡拉动物群”。

埃迪卡拉动物群突然出现，快速演化，又快速灭绝，就像是战争初期冲锋又倒下的先遣队，也像是寒武纪生物大爆发前的一场预演。

进化的里程碑——脊椎动物出现

在寒武纪生命大爆发过程中出现了一支特别的动物类群，那就是脊椎动物。它们的体内开始长出一根由椎骨连接而成的脊柱，这根脊柱对地球生物的进化有着重要意义。

最早的脊椎动物

最早的脊椎动物是寒武纪时的无颌圆口类动物，它们没有下颌，多数生活在水里，身体像鱼形，又被称为无颌鱼类。

海口鱼——最早的无颌鱼类

海口鱼有着原始的脊椎，它们能够以完全不同于节肢动物的方式进行游动，正是这种不同的游动方式，使海口鱼在以后的进化中越来越主动。它们口如吸盘，因为不能咀嚼食物，只好以海洋中的小生物和微生物为食。海口鱼是生物演化过程中一个非常重要的环节，是无脊椎动物向脊椎动物演化的过渡。

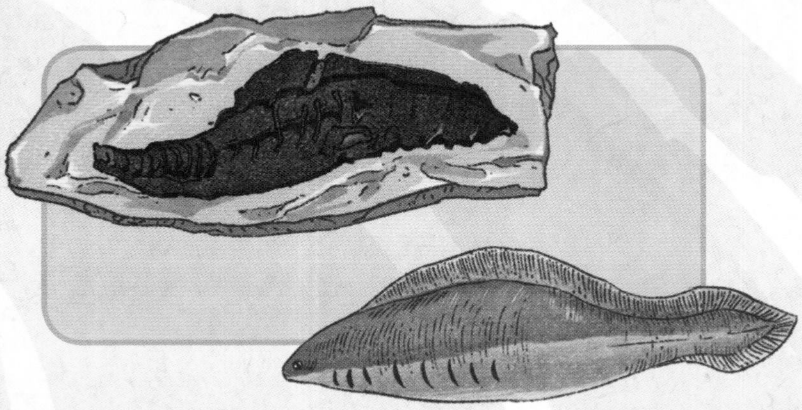

昆明鱼

生存于寒武纪时的昆明鱼，长约2.8厘米，它的发现将包括人类在内的整个脊椎动物演化史向前推进了近5000万年。

脊椎动物的分类

目前，有史料记载的脊椎动物可分为哺乳类、鸟类、爬行类、两栖类和鱼类。

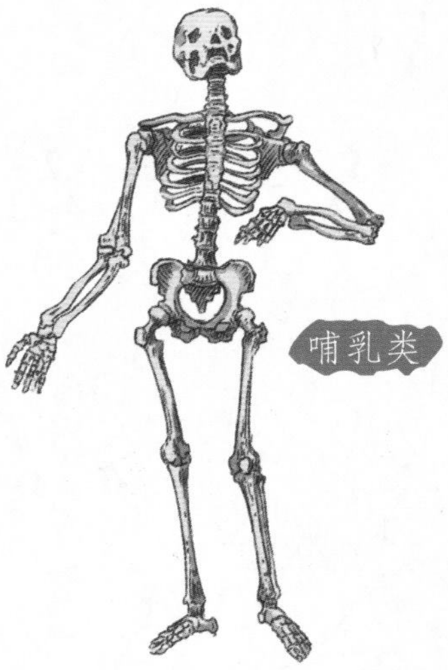

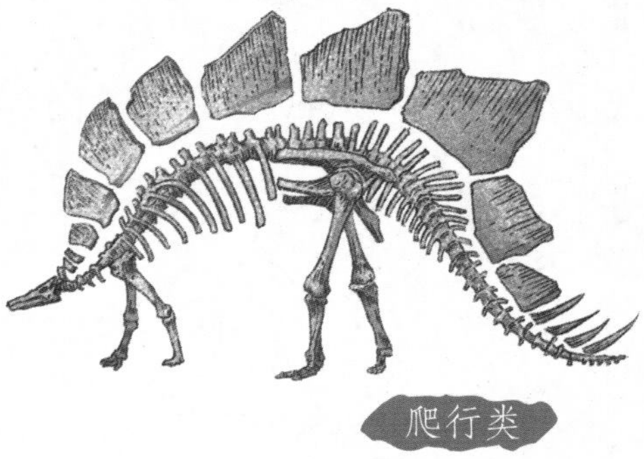

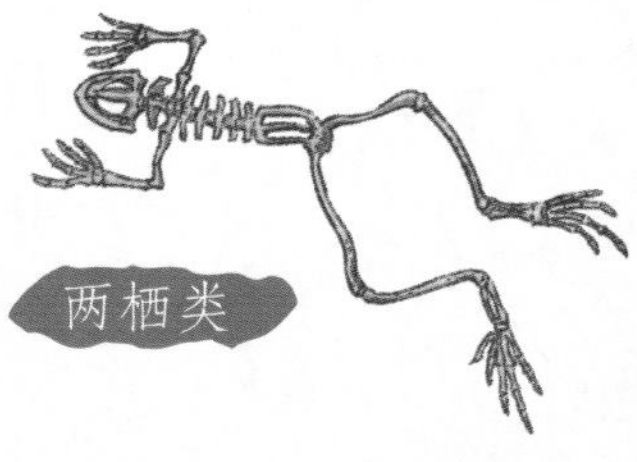

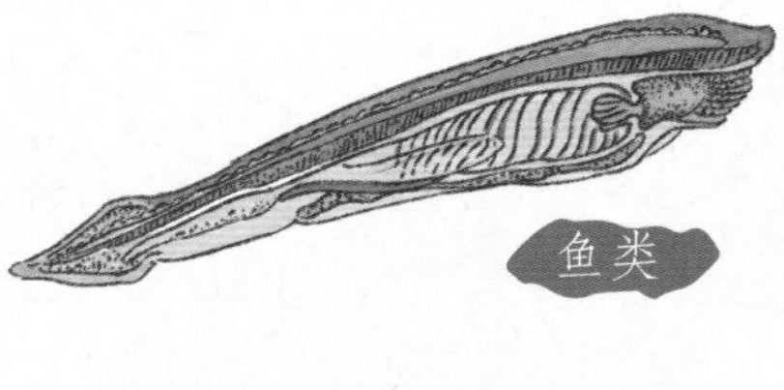

脊椎动物的优势

在残酷的生存竞争中，脊椎动物比无脊椎动物更有优势。无脊椎动物的神经系统相对简单，这就决定了无脊椎动物的体形存在一个上限，一旦超过这个上限，行动就会变得异常迟缓，但对于鱼类和之后的其他脊椎动物来说，则不存在这个限制。

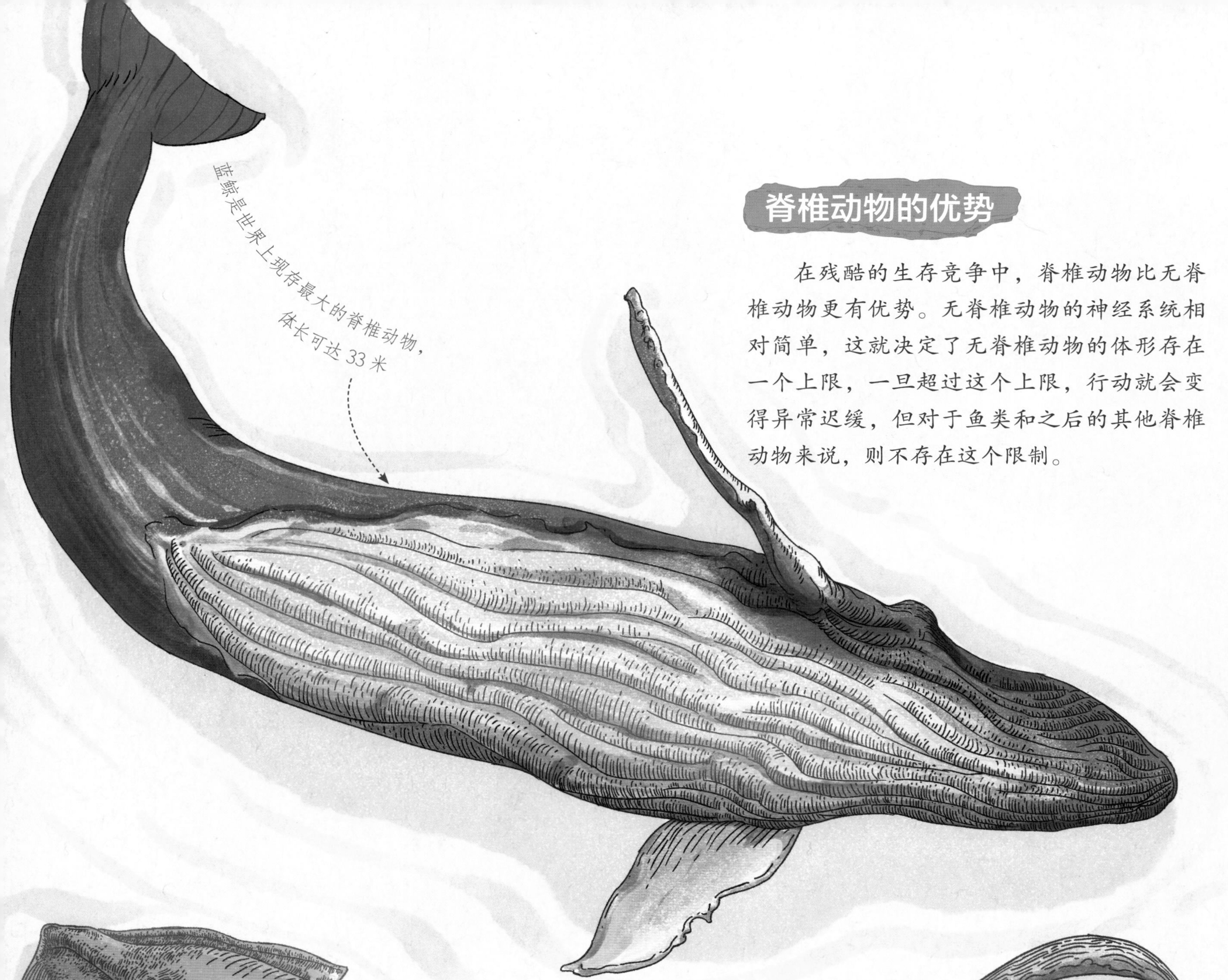
蓝鲸是世界上现存最大的脊椎动物，
体长可达 33 米

大王酸浆鱿是世界上最大的无脊椎动物，
体长约 10 米

脊椎动物的早期形态——无颌鱼类

无颌鱼类作为最古老的鱼类，还没有长出颌部，也没有内骨骼和用于稳定身体的鱼鳍，这让它们失去了主动捕食的可能。它们的体形娇小，只能靠吸入海底淤泥里的食物微粒或捕捉水面上的浮游生物为生。但作为地球上最早的脊椎动物，无颌鱼类依然称霸北半球海洋及淡水水域长达 1.3 亿年。

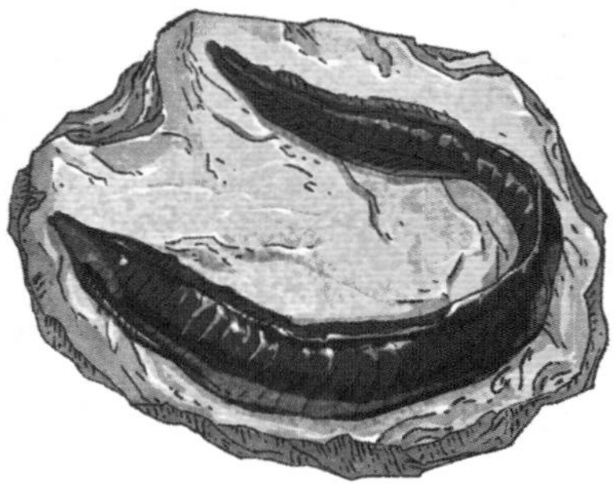

皮卡虫

皮卡虫体长约5厘米，有“之”字形的肌肉节覆盖于全身。肌肉节能够使它们在水中自在游动，便于捕食水中的浮游生物或微生物。皮卡虫头部较小，没有眼睛，但它有嘴，嘴旁长有两根小触须，小触须旁的开口是鱼鳃最早的雏形。皮卡虫是无脊椎动物和脊椎动物之间的节点，4000万年后，鱼类才出现。

头甲鱼

头甲鱼生存在晚志留纪到晚泥盆纪期间，体长从几厘米到十几厘米不等，靠吸食海藻为生。

它的身体前部包裹在拖鞋状的头甲中，腹部扁平，因为骨质甲片很重，所以头甲鱼的游泳能力并不强。

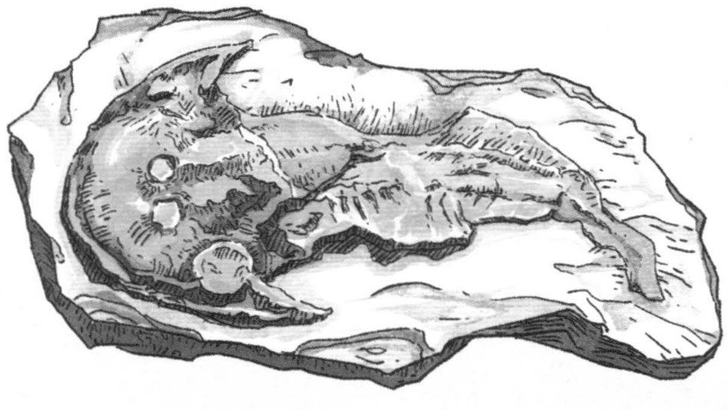

甲胄鱼

甲胄鱼没有成对的鱼鳍，也没有上下颌，身体前端裹着坚硬的甲胄。

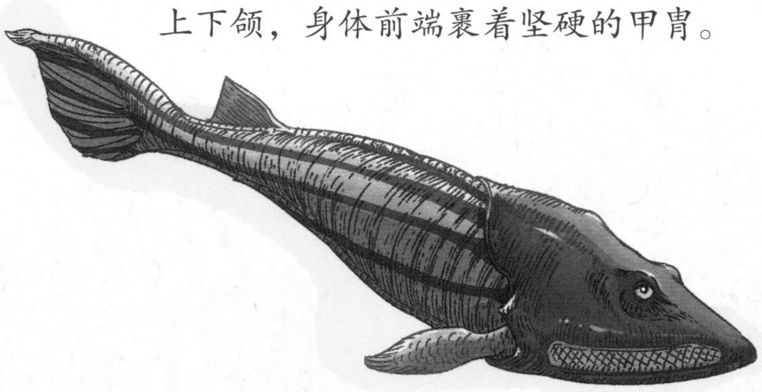

鳍甲鱼

鳍甲鱼背部扁平，身体前部有一个沉重的头盾，前端呈尖嘴状，头盾后部正中有一根向上竖立的刺状长棘。

长鳞鱼

长鳞鱼的头部并没有骨性外壳，而是被细小的鳞片所覆盖。它们生活在志留纪到泥盆纪时期的欧洲淡水区域，体长约10厘米，多以植物或动物的尸体为食。

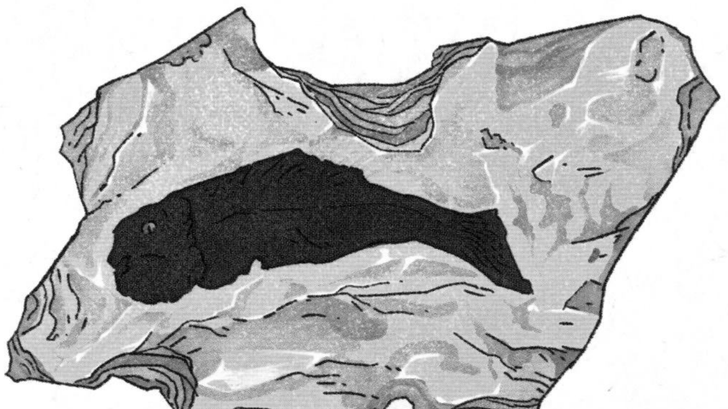

无颌鱼类的近亲

无颌类家族中，只有七鳃鳗和盲鳗熬过了漫长的地质年代，存活至今。

有颌鱼类——进化开始

在无颌鱼类繁盛了 1.3 亿年后的某一天，宇宙中一颗密度极大的中子星与黑洞相撞了。相撞过程中释放的伽马射线暴有一束击中了地球，瞬间破坏了地球部分臭氧层，富含高能量的紫外线直接照进了海洋里，大量的浮游生物被紫外线杀死。

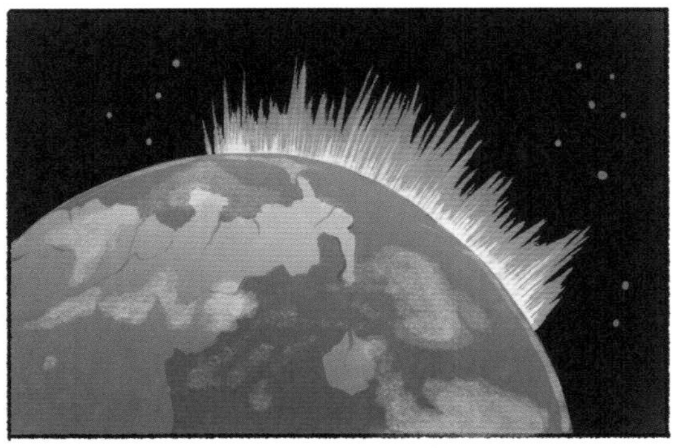

浮游生物的大量死亡，意味着以浮游生物为食的其他生物断绝了食物来源，至此，海洋中爆发了严重的饥荒，大部分无颌鱼类因此灭绝。

随着时间的推移，地球的生态环境逐渐恢复。为应对更加残酷的生存竞争，有颌鱼类开始登上历史舞台。鱼类中，也是脊椎动物中首次出现了上下颌。从无颌到有颌，标志着鱼类开始由较为被动的滤食性生活向更为积极、主动的猎食性生活过渡。

颌骨的革命性

伴随着颌骨的出现，鱼类的头面结构也发生了变化，脑、眼、耳、鼻、鳃等重要器官有机会跳出无颌类形态的限制，具备了新的演化潜力。对鱼类来说，颌的出现，使鱼类能够张大口腔吸入水流和空气，大大提升了呼吸效能。更高的氧气利用率使鱼类的体形不断增大、运动能力不断增强。

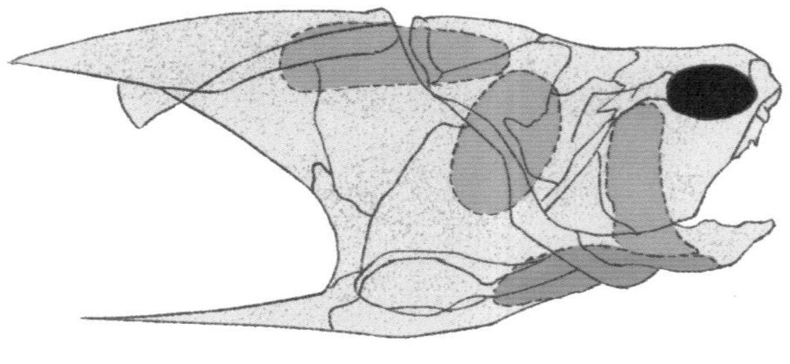

胸脊鲨

胸脊鲨的背鳍很特别，外形像铁砧。它们的头部及背鳍布满细小的棘，就像是现在鲨鱼盾鳞的放大版。

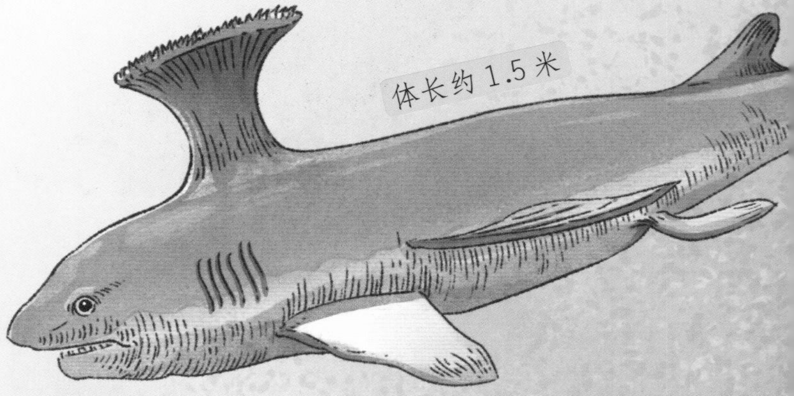

剑吻鲨

剑吻鲨属于早期新软骨鱼类，它们的吻部很长，牙齿适合撕咬猎物。但剑吻鲨的肌肉松软无力，它们在水中的行动较为迟缓。

伪鲛

伪鲛的胸鳍在身体两侧像翅膀一样展开，眼睛和鼻孔位于头顶，扁圆形的身体和今天的鳐形目十分相似。

盾皮鱼

盾皮鱼是最早演化出巨大体形的鱼类。它们已具有上、下颌及较发达的偶鳍。由于头部及身体前部被骨板覆盖，它们的行动较为迟缓。

棘鱼

棘鱼的外表和鲨鱼很像，包括流线型的身体、成对的鱼鳍和强壮的上翘尾部。

坚齿鱼

居住在珊瑚礁中的坚齿鱼有着宽大的身体和研磨齿。

危机四伏的深海——鱼类繁荣

颌骨的出现大大加快了远古鱼类的演化速度，它们不再满足于娇小的体形，而是越来越大，内骨骼也从软骨进化成了硬骨，超过 95% 的现存鱼类都属于硬骨鱼类。值得注意的是，鱼鳍的进化在使远古鱼类行动更灵活、身体更稳定的同时，也在悄悄孕育着下一场物种演化革命。

软骨鱼类

软骨鱼类有着完全由软骨构成的骨架，它们是第一批演化出颌部和骨质牙齿的脊椎动物。鲨类是最具代表性的软骨鱼类。

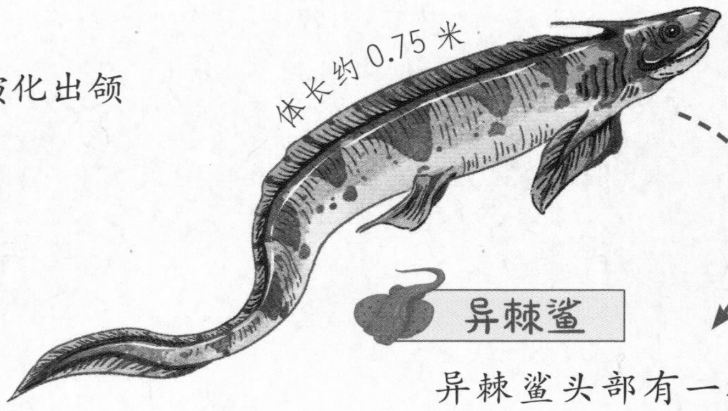

裂口鲨

裂口鲨出现在4亿多年前的泥盆纪，被认为是后世所有鲨鱼的共同祖先。

异棘鲨

异棘鲨头部有一根粗大的棘突，背鳍贯通整个背部，最后和尾部融合。

旋齿鲨

目前人们只发现了旋齿鲨的牙齿化石，根据螺旋状牙齿与菊石外观推测，旋齿鲨的牙齿可能专为捕食菊石等头足类动物而演化。它们用下颌牙齿勾住菊石的柔软组织，然后通过张合嘴使牙齿前后活动把肉钩进口中，没有牙齿的上颌起到了把菊石壳向外推的作用。

旋齿鲨牙齿化石

剪齿鲨

剪齿鲨的新牙不断长出，而旧牙又不会脱落，新牙挤着旧牙，以至于唇边的牙齿向外翻转，并极力突出，颌部看上去像一把布满锯齿的剪刀。

硬骨鱼类

硬骨鱼类长有由钙质加固的坚固的骨骼，因而被称为“硬骨鱼”。

鱼类骨骼的演化

海洋中具有丰富的钙等矿物质，能够维持深海中多数鱼类的生命活动。但部分游到浅海或半咸水域中的鱼类为了储存体内的矿物质进化出了更坚硬的骨骼，于是，地球上的硬骨鱼类出现了。

生存年代：晚泥盆世 栖息地：海洋

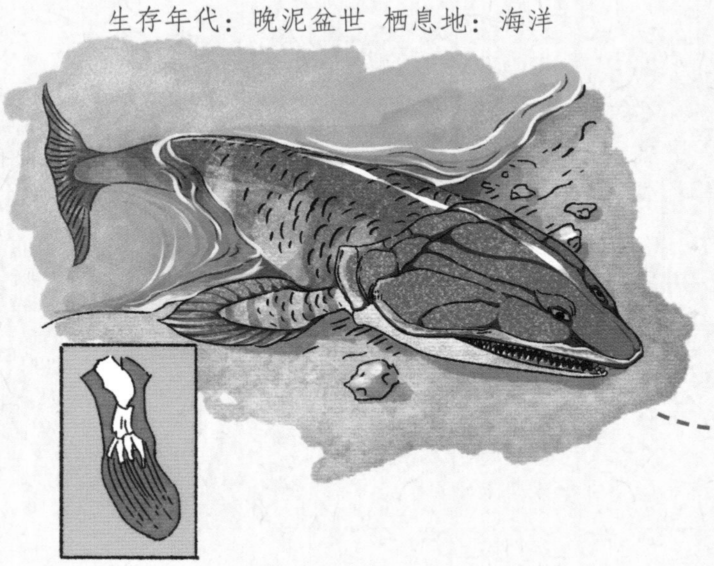

潘氏鱼

潘氏鱼和今天的鱼类很像，都有成对的鱼鳍，并且周身覆盖鳞片。但它的鱼鳍内部另外长出了骨骼，这让它可以偶尔离开水面，攀爬到陆地上待一会儿。

邓氏鱼

邓氏鱼的头部完全重装厚甲，身体和尾部应该没有装甲，但可能皮很厚。

剑射鱼

剑射鱼有着肌肉发达的修长身躯和庞大的颌部，它能将巨大的猎物一口吞下。同时，剑射鱼有暗蓝色的背部和银亮的腹部，作为它对上方和下方的伪装色。

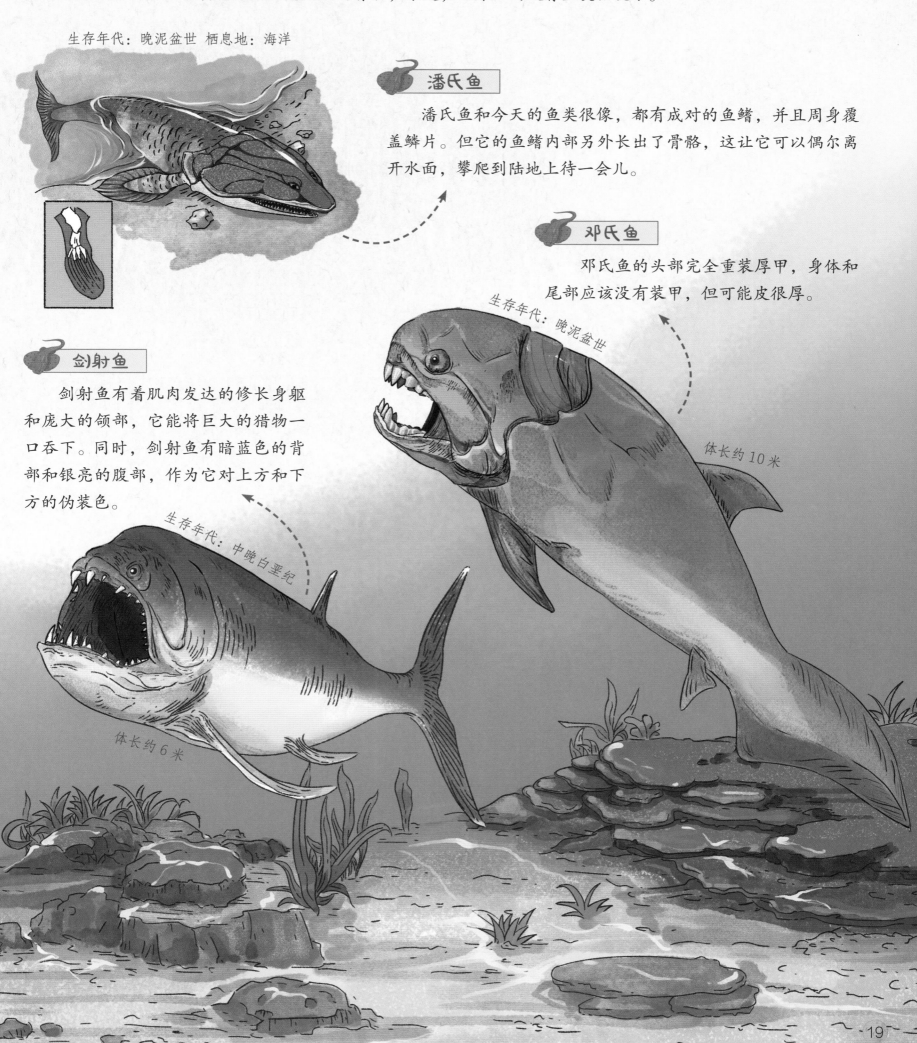

陆生植物出现——地表环境的改良者

地球上最早的植物是生活在水中的藻类。它们依靠日光制造养料，然后将大量氧气释放到大气中，慢慢改变了大气的构成和性质，为之后地球生命的繁荣打下了基础。

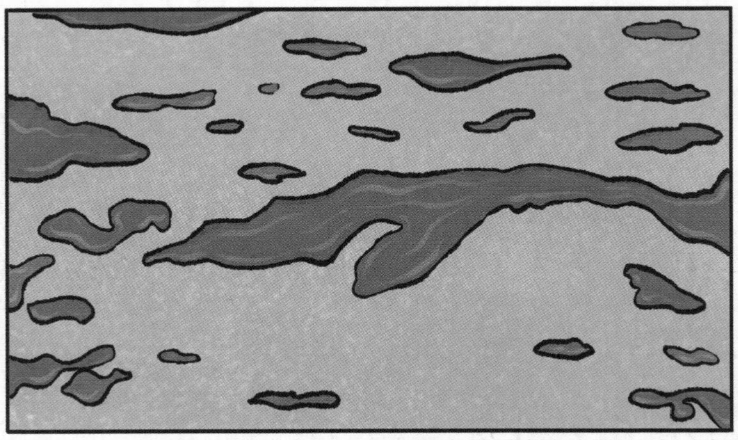

慢慢地，随着时间的推移、气候的变化，藻类的栖息地逐渐扩散到浅水水域和潮湿的陆地。待海平面下降后，藻类植物被迫接触到了干燥的陆地，逐渐演化为似苔藓类植物和蕨类植物。

种子植物

最早的种子植物是在晚泥盆纪出现的。它们被称为种子蕨，原始的种子长在叶片上。和孢子相比，种子的优势非常明显：它更大，储存养料更多，发育更完全，生命力更强。

裸子植物

种子裸露，没有外皮包裹。如苏铁、松、银杏、杉。

大约在2.6亿年到1.36亿年前，蕨类植物的优势渐渐被裸子植物取代。裸子植物曾是植食性恐龙的主要食物之一。

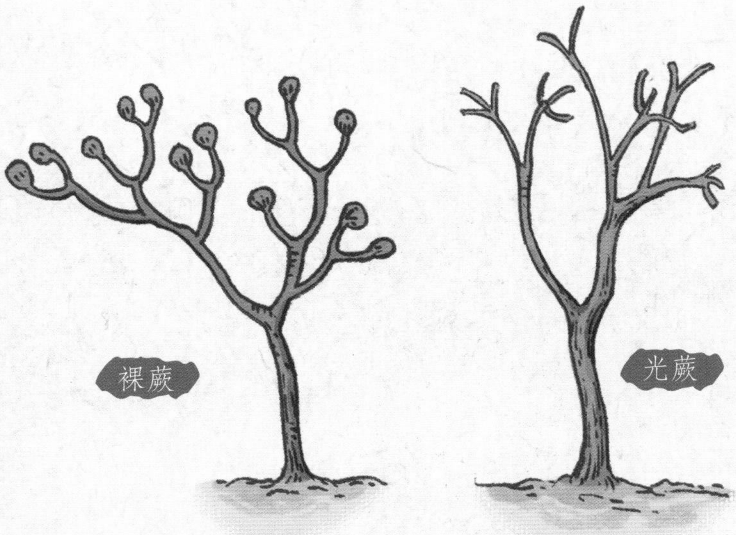

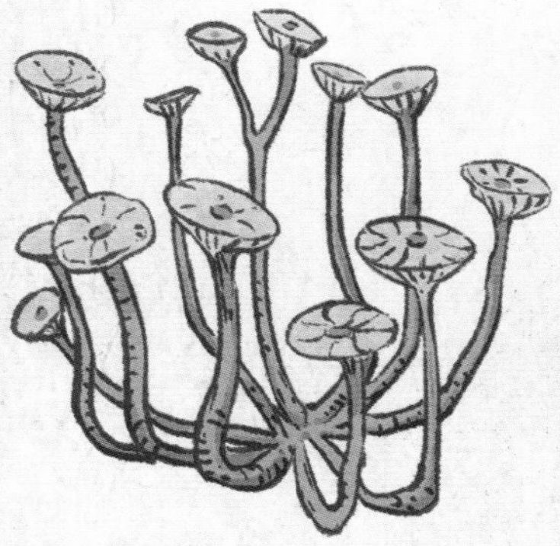

约1亿年前，随着气候变化和冰川期的到来，大部分裸子植物慢慢消失了，取而代之的是被子植物。被子植物的增多，为昆虫提供了新的食物和生存空间，能传粉的甲虫、蜜蜂、蛾子和啃食木质的白蚁纷纷出现。以植物果实、昆虫为食的鸟类和哺乳动物也数量大增，等熬过白垩纪末的大灭绝期后，它们将迎来属于自己的时代。

植物的登陆，使地球逐渐披上了绿装而生机盎然，从荒漠、荒山变成了美丽的家园。

早期被子植物之一——中华古果

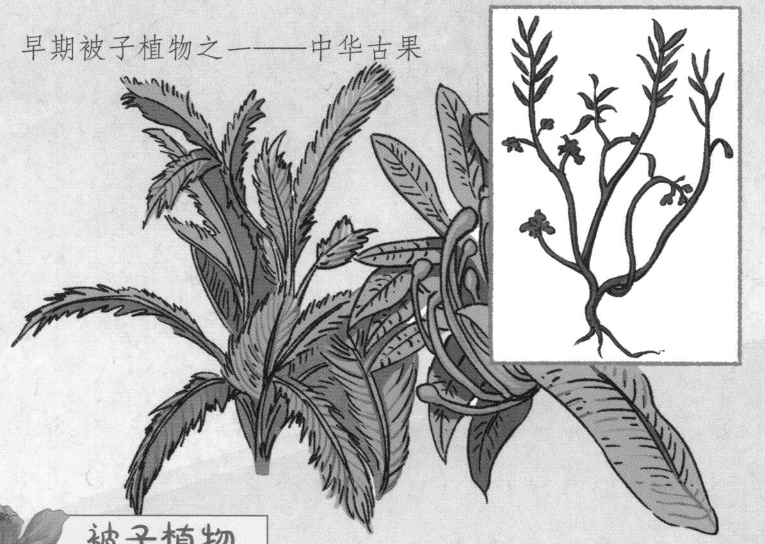

被子植物

种子被果皮包裹，通常开花的植物都是被子植物。被子植物的果实更易保存，花粉的传播又为动植物的协同演化创造了前提条件。

石炭纪——植物的辉煌时代

石炭纪是陆生植物的大繁荣期，这一时期形成的地层中含有丰富的煤炭。据统计，属于这一时期的煤炭储量占全世界总储量的50%以上。

巨虫出没

在两栖动物征服陆地之前，这里曾是昆虫与节肢动物的天下。

最早的昆虫出现在距今约4亿年前，是一类细小、无翅、生活在地面上的动物。到了泥盆纪中期，部分昆虫已经长出了翅膀，成为地球上第一批飞上天空的动物。

而节肢动物也早于两栖动物登上了陆地，它们以陆地上结构简单的似苔藓类植物为食。

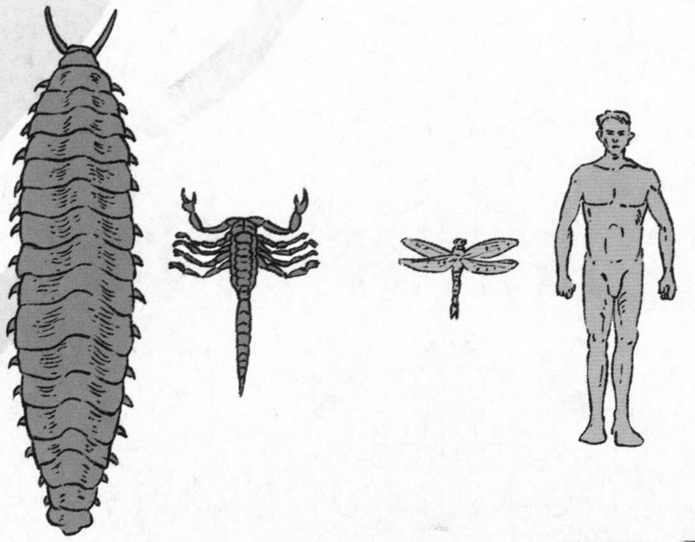

石炭纪时，地球植被生长繁盛，充足的食物和富氧的大气使昆虫的体形越来越大，地球迎来了“巨虫时代”。

之后，两栖动物、爬行动物次第抢夺了它们的统治权。

如今，昆虫演化出了成千上万的新物种，躲过了一波又一波大灾难，在地球上，昆虫的种类占了动物物种总数的四分之三。

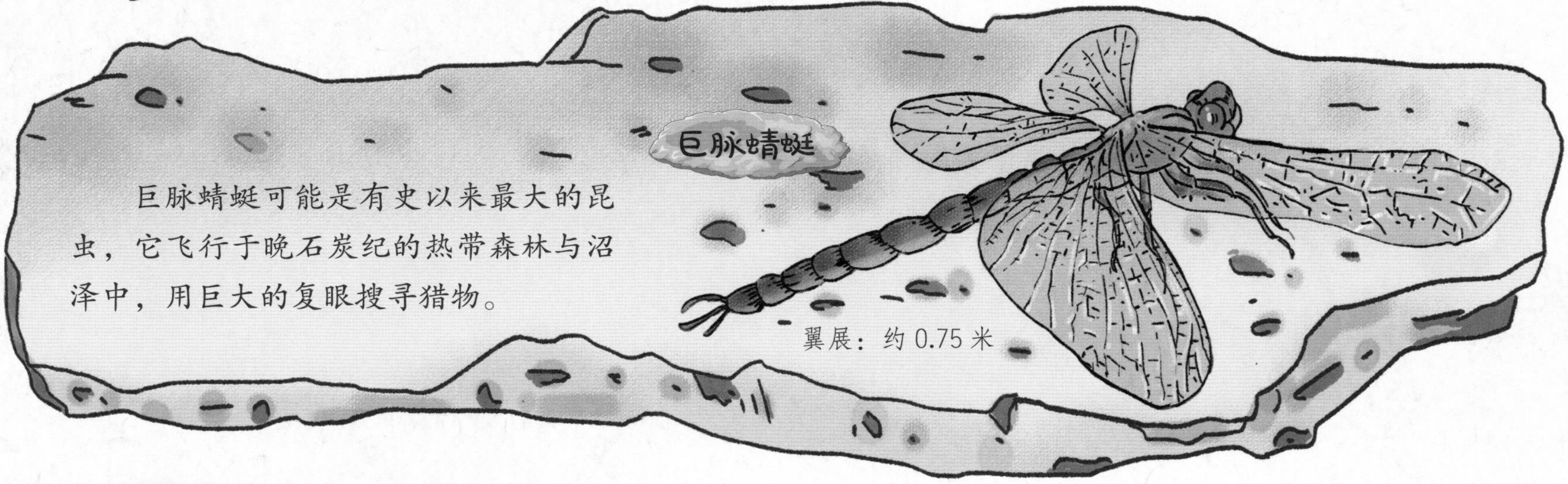

巨脉蜻蜓可能是有史以来最大的昆虫，它飞行于晚石炭纪的热带森林与沼泽中，用巨大的复眼搜寻猎物。

幸存者们

它们躲过了一次又一次灾难，存活至今。

史前蚂蚁体长超过 5 厘米，和蜂鸟大小相当。

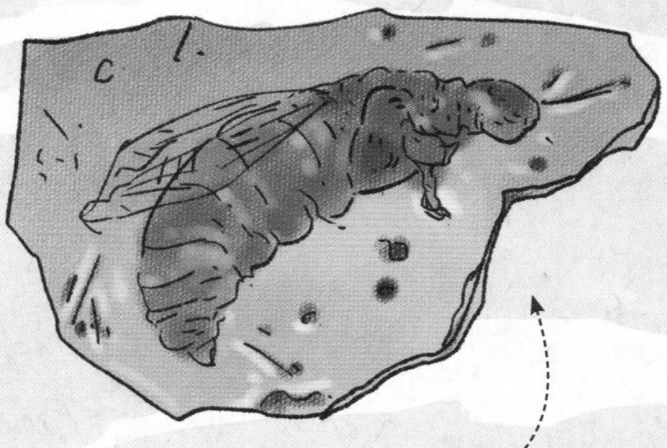

蚂蚁

最早的蚂蚁出现在白垩纪，它们的祖先是移居到地面营生的黄蜂。史前蚂蚁的体形都很大，相较于现代蚂蚁如同“怪兽”。

蜜蜂

白垩纪中期，蜜蜂随着被子植物的出现而出现，至今它们已经存活了1亿年。

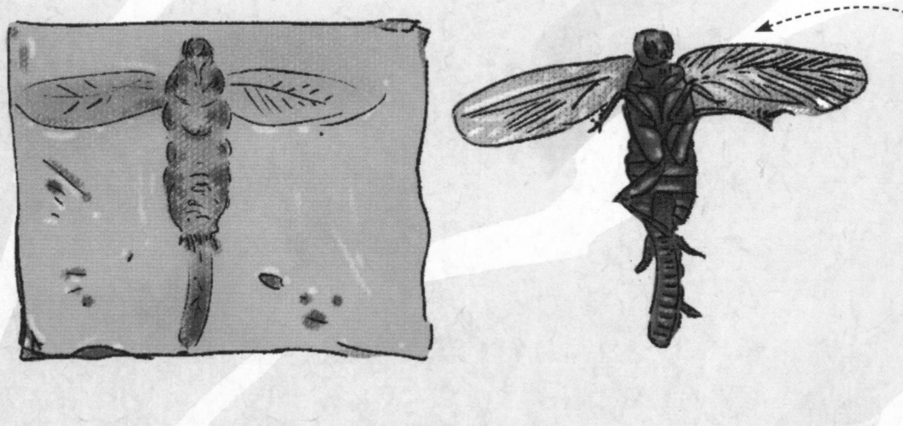

蟑螂

石炭纪晚期时，蟑螂就已经存在了，它们的出现比恐龙还要早，多以枯萎的植物为食。

迈向陆地——劫难后的登陆者

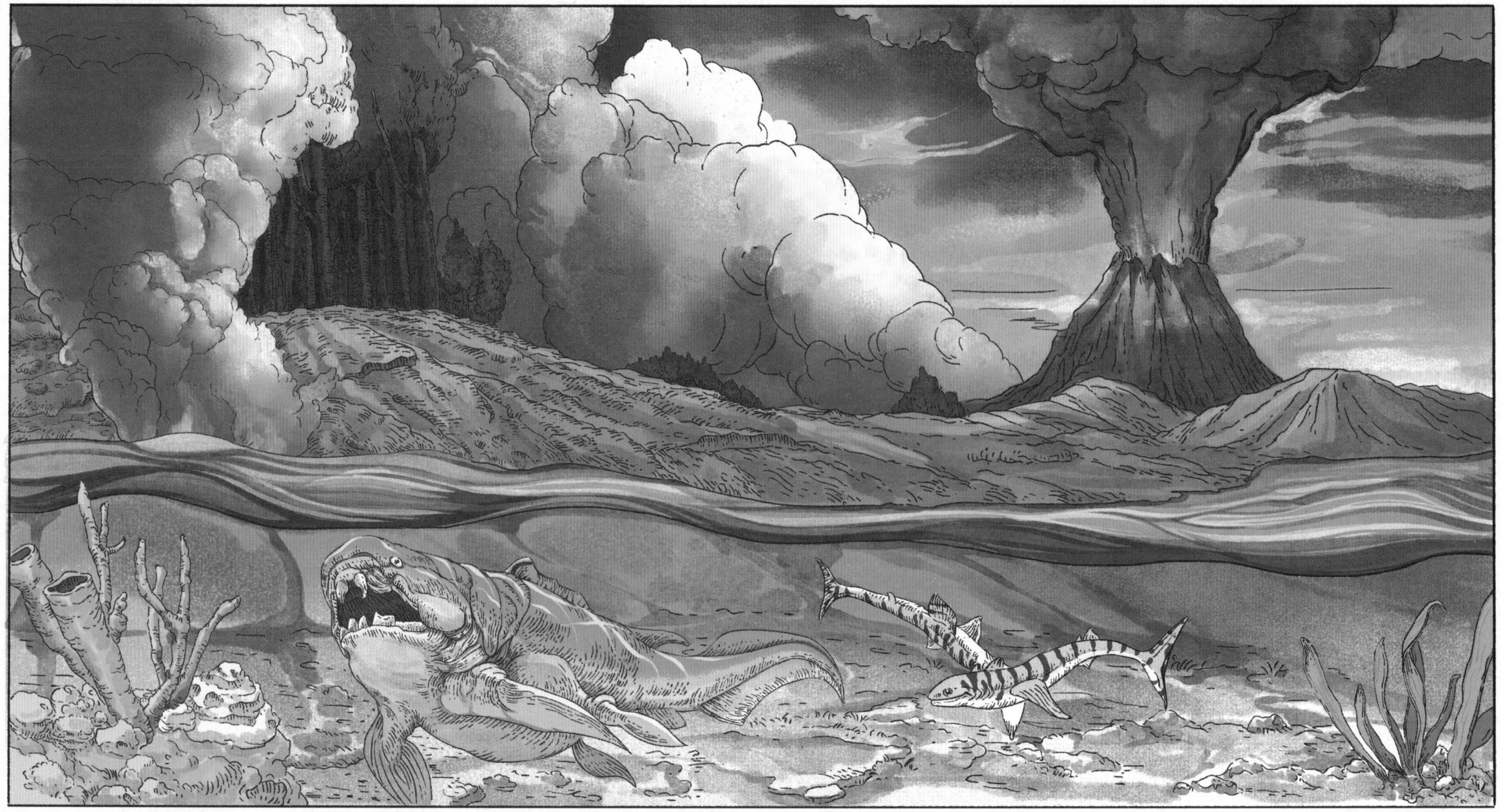

泥盆纪大灭绝

3亿多年前的某一天，地球突然开始剧烈晃动。同时，大量高温气体从西伯利亚地区的海床裂缝喷出，附近的海水瞬时沸腾了，周围的珊瑚礁和大量海洋生物也因此而死亡。

在接下来的百万年间，有毒气体和重金属元素持续污染着海洋，陆地的富氧环境也使地球的气温持续降低，地球迎来了第二次生物大灭绝。海洋曾是地球生命的摇篮，在晚泥盆世时却成了地狱。

蓬勃的陆地

此时，泛大陆尚未形成，南美洲、非洲、印度半岛以及南极洲组成了一整块古陆，其他陆地则分裂成一系列岛屿，流散在世界各地。森林已经出现，由于没有植食性动物的存在，森林覆盖了整片大陆。陆地上只有少量昆虫和部分节肢动物存在。

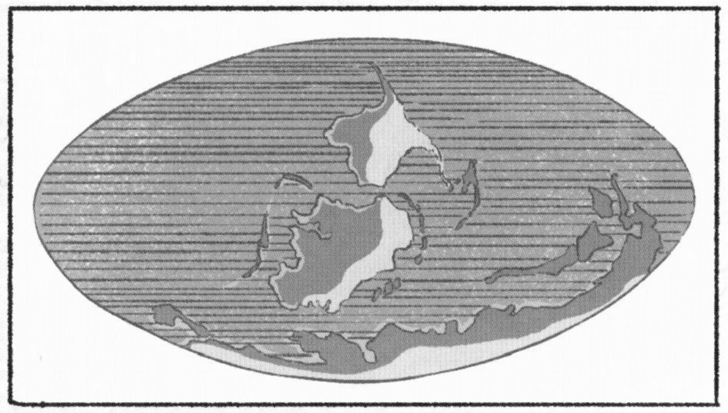

新生

百万年后，海洋生物逐渐在泥盆纪大灭绝中恢复过来，但已不复往日荣光。海洋霸主——巨型盾皮鱼类等彻底消失了。石炭纪开始了。

此时，淡水河流在新增的陆地上纵横切割，沉积淤塞，形成了大片富饶肥沃的沼泽和湿地，为第一批登陆者准备好了适宜的生存环境。

为躲避海洋中突如其来的灾祸，部分鱼类开始爬上陆地，寻找更加适宜的栖息地。

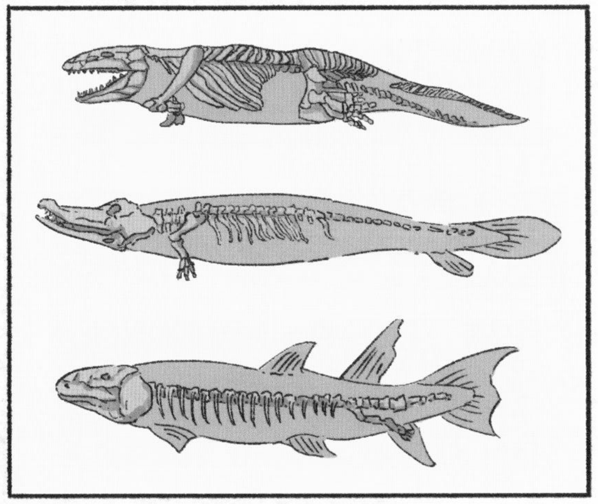

晚泥盆世时，鱼类向两栖类演化

从鱼到兽

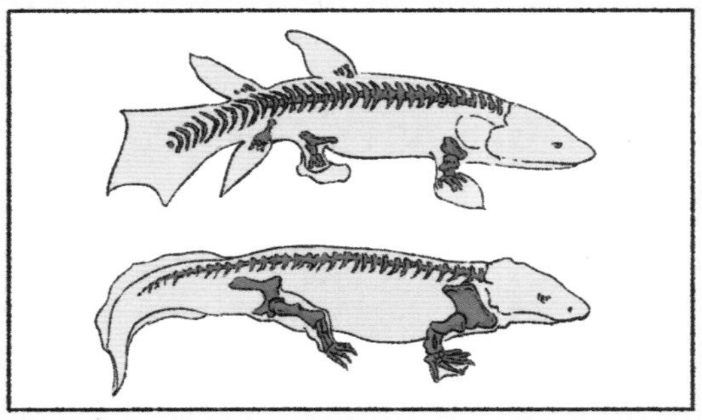

先行者们——总鳍鱼类

从海洋脊椎动物向陆生脊椎动物的演化历经了千百万年。作为最早尝试登陆者，它们不再使用鳍在水中游动，而是开始用鳍“走”在珊瑚礁的间隙中，以推动自己在海底行进，这也成了腿部演化的起点。

双鳍鱼
双鳍鱼是现生肺鱼的近亲，但它并不用肺部呼吸，而是依靠鳃。
大盖鱼
大盖鱼的身体短而宽，尾部的三叶鳍中有一叶呈球状。它们有着肉质的鳍，并能用类似我们移动四肢的方式运动鳍部。

真掌鳍鱼

真掌鳍鱼是早期四足动物的近亲。支撑它们鳍部的骨骼与最早的两栖类动物骨骼非常相似。

提塔利克鱼

提塔利克鱼看上去很像鱼类和蝾螈的杂交。它的鳍上长有类似人类的手腕和肩关节，甚至出现了简单的足趾。

提塔利克鱼头部上方长有呼吸用的气孔，臀部和骨盆十分强健，可以在浅水或沼泽中支撑、推动身体。

两栖动物要来了

直到鱼石螈等陆生脊椎动物出现，脊椎动物才真正完成了登陆大业。

登陆条件

长有脚蹼，肩部肌肉强健有力，可以在陆地爬行。

能够用肺呼吸，皮肤分泌的黏液也可辅助呼吸。

有眼皮，可以保护眼睛免受陆地风沙吹刮。

随着鱼石螈游出水面成功登上陆地，地球上第一批四足动物出现了。

四足动物的先驱——两栖动物

在二叠纪演化出像哺乳动物的爬行类之前，两栖动物一直是陆地的主宰。

始螈

始螈是最早的两栖动物之一。它们可能生活在石炭纪的森林和沼泽中。头骨厚重，顶盖骨坚实，牙齿呈圆锥形。

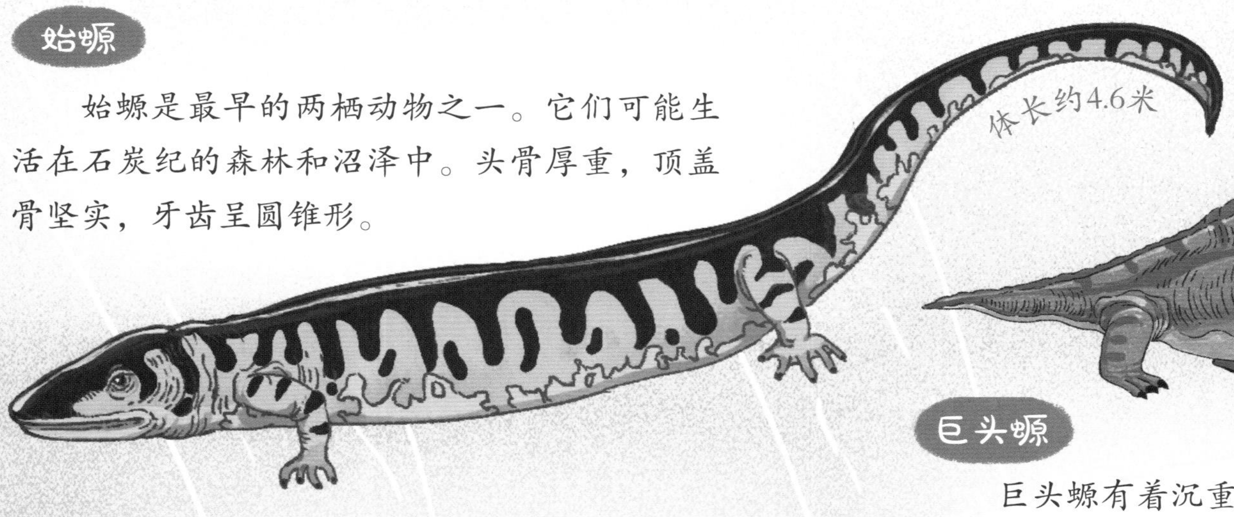

巨头螈

巨头螈有着沉重的头骨，已经非常适应陆地的生活。它们的四肢粗壮，很适合行走，身体上覆盖着骨板和一列沿脊柱生长的厚甲，可以有效防御其他肉食性动物的袭击。

引螈

化石发现地：北美洲
生存年代：早二叠世

引螈看上去就像一条胖乎乎的鳄鱼，它们的口鼻部很长，双颌里长满了锐利的尖牙。引螈虽然长着强有力的四肢，但由于身体非常笨重，四肢相对短小，使它在陆地上不能快速移动。

早期的四足动物包括已经灭绝的两栖类与爬行类。两栖类在水中繁殖，而爬行类则在陆地上产卵。

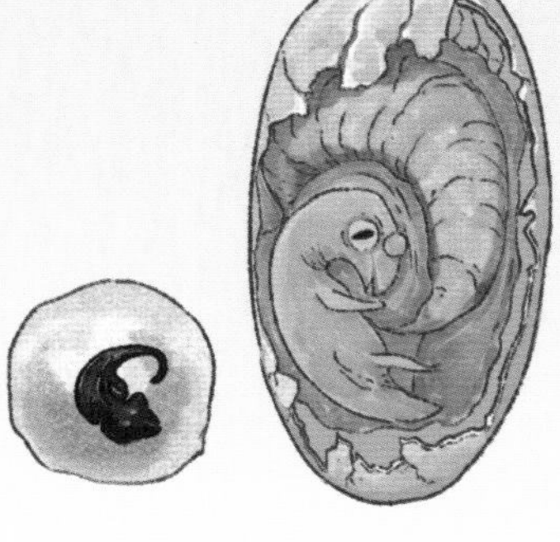

因为陆地干燥，爬行类需要产下有硬壳的蛋来保护供给卵成长的水分和养分不流失。

阔头蜥

阔头蜥要么静静地趴在水底，要么潜伏在沙石之间，一双朝上的大眼睛可以有效地搜寻猎物。

古蟾蜍

古蟾蜍似乎很擅长游泳，流线型的身体和有力的蹼足让它们有着可能不逊于鱼类的游泳速度。

三叠蛙

三叠蛙是迄今所知最早的滑体两栖动物，它们生活在三叠纪早期的非洲。三叠蛙头骨简单，尾部缩短，腰部的髂骨向前延伸，胫腓骨愈合为一块并伸长，这表明它们游泳时的动力来自后肢的踢蹬。

卡拉蝾螈

作为最古老的蝾螈之一，卡拉蝾螈和现生的蝾螈几乎一模一样，生活方式可能也没什么差别。腹足类、蠕虫、甲壳类是它们的主要食物。

早期爬行动物

两栖动物在古生代曾经很繁盛。但到了古生代末期，由于地球的气候环境开始发生重大变化，湿润的气候逐渐变得干燥，部分两栖动物灭亡了，剩下的两栖类则改变了自身的形态结构，成为第一批在陆地上真正站稳脚跟的脊椎动物。

改变形态，适应环境

体表开始形成角质的外皮，肺里的膈膜增多，心室里有了不完全的膈膜，产大型而有坚韧卵壳的卵。

古巨蜥

古巨蜥约于4万年前消失，它们可能是史上最大的蜥蜴。

林蜥

林蜥既是最古老的爬行动物之一，也是最初的陆生脊椎动物之一。

卷角龟

卷角龟的头部长有大骨刺，尾部包裹着骨质铠甲，末端长有棘刺。

铁龙

铁龙生存于二叠纪，化石发现于美国得克萨斯州。这种身体敦实的原始爬行动物长着大脑袋和细尾巴，这种体形意味着它们生活在陆地上。

深颌蜥

深颌蜥是最古老的爬行动物之一，而且一直生活到了三叠纪晚期。它们的身体呈蹲踞姿态，可能没法快速奔跑。

厚针龙

厚针龙具有蛇一样的长身子和巨蜥一样的头部，它可能是现生蛇类的祖先之一。

中龙

中龙是早期从陆地返回水域的爬行动物之一，主要生活在溪流和水潭中，很少爬上岸。它的上下颌特别长，嘴里长满锋利的牙齿，很适合捕鱼。

古巨龟

古巨龟是史上最大的龟类之一。它们存在于7000万年前的白垩纪，当时北美洲中央被一层较浅的海洋（西部内陆海道）所覆盖。

哺乳动物的近亲——似哺乳爬行动物

在距今2亿多年前的二叠纪与三叠纪，爬行动物呈现出“百花齐放”的物种大爆发，其中一支逐渐具备了哺乳类的部分特征。

头骨、下颌骨接近哺乳类，牙齿也像哺乳类一样分化为门齿、犬齿和臼齿。非龙非兽的它们，被统称为似哺乳爬行动物。

在恐龙崛起之前，似哺乳爬行动物曾是陆地上最具优势的动物。它们在二叠纪迅速大型化，但模样还是很像蜥蜴。

蛇齿龙

这种巨大的掠食者外形很像鳄鱼，巨大的双颌内长有尖锐的牙齿。

丽齿兽

丽齿兽主要生活在沙漠之中，奔跑速度极快，它们长着巨大的獠牙，咬合力惊人。

丽齿兽也是首次长有犬齿的动物，这是生物进化史上的一次重大突破。

长棘龙

长有高耸背帆的长棘龙，外表很像蜥蜴，也常被错当作恐龙，但其实它们属于似哺乳爬行动物。

植食性似哺乳爬行动物

基龙

基龙繁盛时，也是蕨类植物的全盛期，所以它们很可能以蕨类植物为食。

基龙的长相和长棘龙十分相似，但它们却是植食性动物。在早二叠世时，经常会看到成群的基龙在抵抗它们的天敌长棘龙的进攻。

杯鼻龙

杯鼻龙的鼻子结构非常怪异，就像是镶嵌在脑袋上的两个造型奇特的杯子。

最大的杯鼻龙体长约有6米，在二叠纪的陆生动物中，这一体形绝对是数一数二的。

水龙兽

水龙兽在晚二叠世和早三叠世分布甚广，它们以坚硬的植物为食，而且还会挖掘洞穴。

卡色龙

诞生于二叠纪早期的卡色龙一直兴盛到了二叠纪末期。它们有着长而粗壮的身体，肋笼极度扩张，可以容纳巨大的胃肠道。

恐龙之前的陆生统治者——主龙类

作为爬行动物的成熟态，主龙类出现得较晚。最早的主龙类出现时，陆地还是似哺乳爬行动物的天下。到了三叠纪，似哺乳爬行动物开始衰落，只有水龙兽依然存活。主龙类迅速崛起，坐上了陆生脊椎动物霸主的宝座。

主龙类的成员众多，恐龙也是其中一员，而最早的主龙类是古鳄类。

恐鳄

恐鳄可能是有史以来最大的鳄鱼。游泳和奔跑不是恐鳄的强项，它们会将身体沉在水中，攻击接近岸边的恐龙或其他陆栖动物，在它们身前5米范围内的猎物一般很难逃脱。

跳鳄

跳鳄体态轻盈小巧，头部长度与现今的鳄鱼相当。它们的后肢非常长，可能是用两足行走的。

引鳄

引鳄是三叠纪早期最庞大的陆生掠食者之一。它的四肢相对直立，擅长陆地行走；上下颌强而有力，便于撕咬猎物。

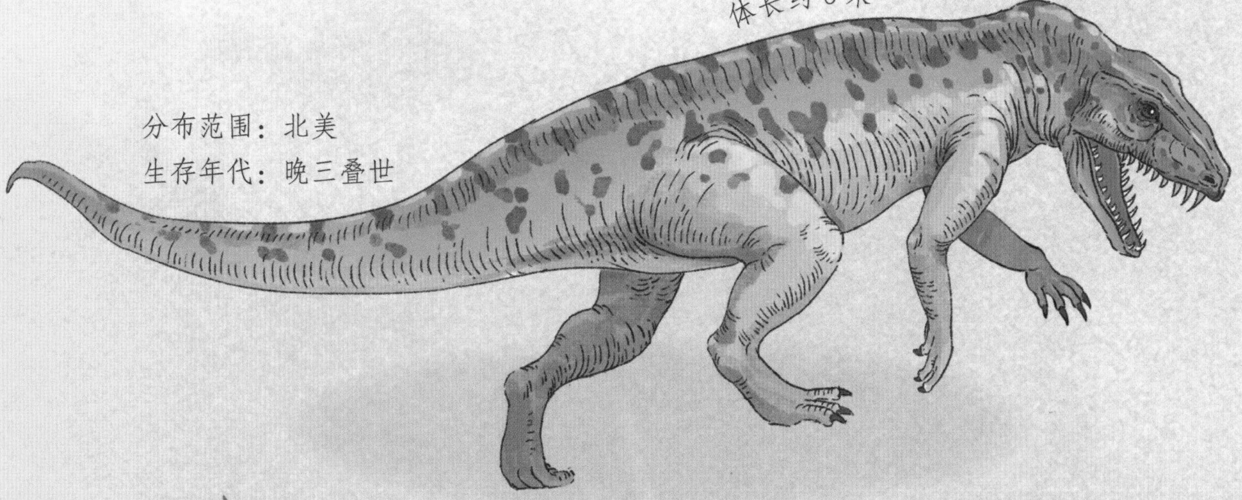

分布范围：北美
生存年代：晚三叠世

波斯特鳄

波斯特鳄有着巨大的脑袋和硕大的鼻孔，嗅觉灵敏。它们极有可能与最早的小型恐龙居住在一起，并以后者为食。

主龙类中也有部分植食性种类。

异平齿龙

异平齿龙是一种植食性四足动物。它们具有喙状嘴，上颌有多排粗壮的牙齿，下颌则只有一排牙齿，当它们进食时，可有效地切割植物。

长鳞龙

生活在三叠纪早期的长鳞龙身上长着羽毛，它们的背部长有一排高大、坚硬的V字形鳞片，十分醒目。

三叠纪末期的大转折——恐龙取代兽

爬行动物的黄金时代

在长达5100万年的三叠纪，爬行动物进入到一个前所未有的蓬勃发展期。此时，地球气候温暖干燥，大陆还是一个整体。不同种类的爬行动物不断演化、迁徙，真正统治了这片广袤的盘古大陆。

三叠纪时，地球的两极还没有被陆地或冰川覆盖。陆地靠近海洋的地方温暖湿润、草木茂盛，大陆中腹则是广袤的沙漠。
行走方式

弱势的恐龙

三叠纪时，早期的恐龙已经出现。只是这时的恐龙还属于陆生脊椎动物中的弱势群体，不具备与鳄类、主龙类争霸的能力。

波斯特鳄
行走方式

毁灭与机遇

三叠纪末期，就在爬行动物安然惬意地觅食、繁育时，一块巨大的陨石毫无预兆地撞击了地球。撞击引发了火山爆发、海平面急剧下降等一系列连锁反应，地球生态被严重破坏，大批物种灭绝。以鳄类为代表的主龙类彻底衰落了，恐龙因为体形小，适应能力强，而幸存了下来。

恐龙时代到来

古生代最星光璀璨的时代——“恐龙时代”即将到来。

生活在三叠纪末期的腔骨龙是一种小型肉食性恐龙，它们的吻部尖细，使整个头部显得狭长。它们的骨骼中空，体态轻盈，擅长奔跑。腔骨龙奔跑时，会将前肢收靠近胸部，尾巴挺起向后以保持平衡。

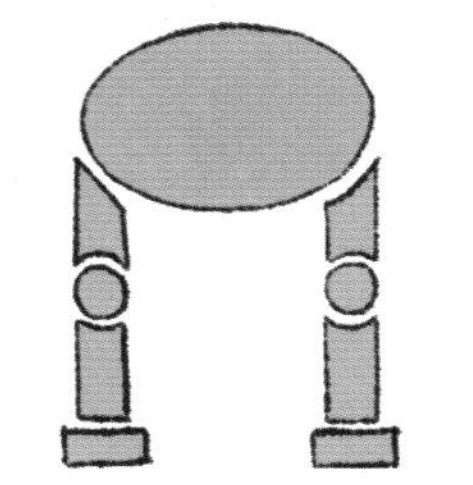

行走方式

霸主登场——恐龙到来

从晚三叠世到晚白垩世，在这段时间里，恐龙的陆地霸主地位无可撼动。

恐龙是一种卵生爬行动物，目前已被命名的恐龙有近千种，它们大小不一，形态各异，体长从 1 米到 30 米不等。

地震龙体长可达34米，3到4只地震龙头尾相接地站在一起，可以从足球场一边的球门排到另一边的球门。

恐龙的大小“型号”

恐龙总目可分为两类

依据腰带骨骼结构的差异，可将恐龙分为两大目：蜥臀目和鸟臀目。

鸟臀目恐龙的臀部骨骼结构和鸟类一样，坐骨和耻骨都朝向下后方；而蜥臀目恐龙的耻骨指向前下方，底部类似靴子形状。

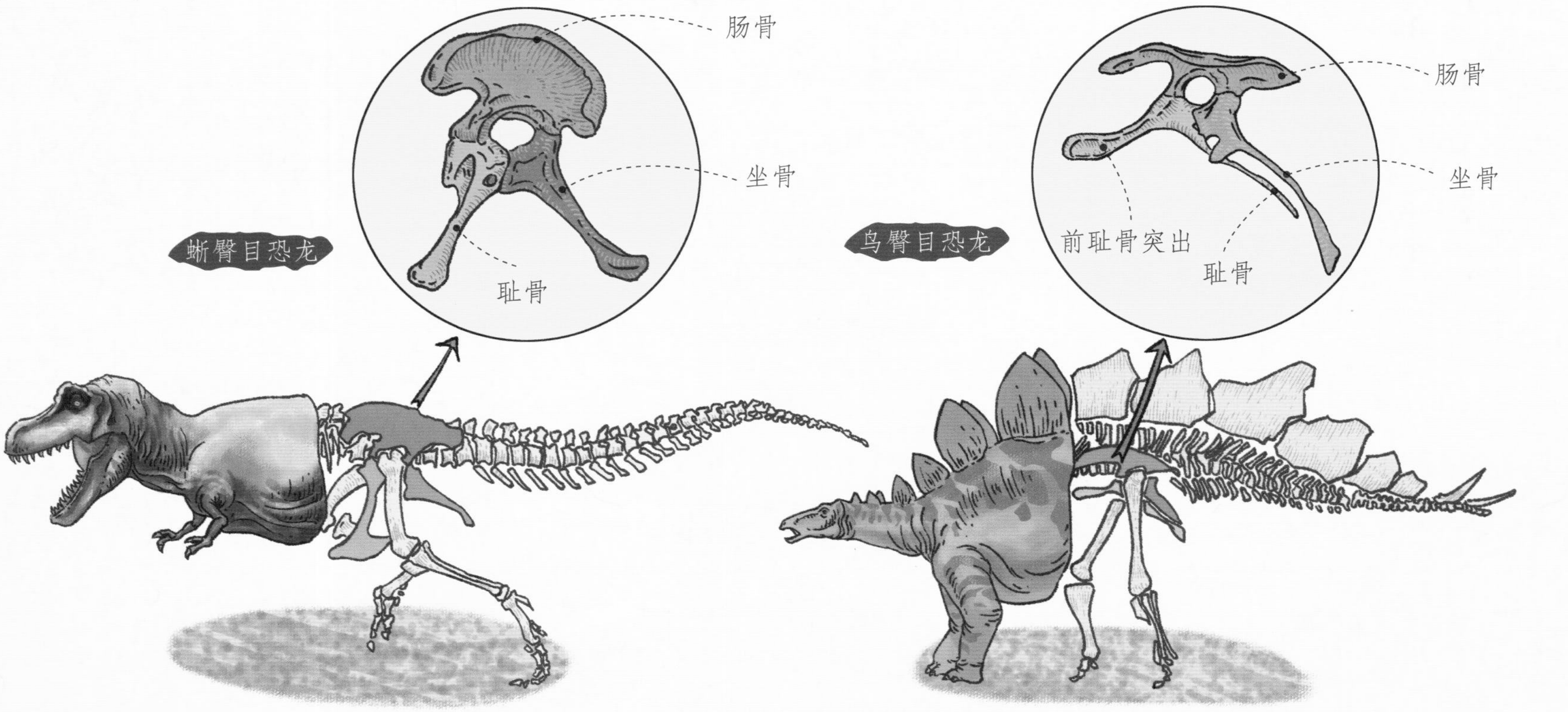

几乎所有的肉食性恐龙和最大的植食性恐龙都是蜥臀目，如暴龙、梁龙；而鸟臀目恐龙大多是植食性恐龙，如剑龙、角龙。

恐龙的食性

从食性上区分，恐龙可分为三种：肉食性恐龙、植食性恐龙和杂食性恐龙。

最早的恐龙都是肉食性恐龙。但由于生存竞争逐渐加剧，导致食物短缺，迫使部分肉食性恐龙放弃了专一的肉食性，开始寻找一些植物充饥，于是就有了杂食性恐龙。

肉食性恐龙代表——马普龙

杂食性恐龙代表——巨盗龙

植食性恐龙代表——禽龙

当放弃了专一肉食性的恐龙身体结构和生理机能完全适应取食和消化植物性食物的时候，植食性恐龙就出现了。

聪明的恐龙与笨笨的恐龙

肉食性恐龙大多比植食性恐龙聪明。

恐龙时代的地球气候温暖湿润、植被茂盛，多数植食性恐龙没有为食物奔波的压力，它们只需要走走路、低低头、抬抬头就能满足生存的需要，没必要那么聪明。

相反，肉食性恐龙则要千方百计地去狩猎，这也让它们的运动器官、感知器官和大脑变得越来越发达，大脑用得多自然就更聪明了。

笨笨的恐龙——剑龙

聪明的恐龙——伤齿龙

恐龙家族大集合

三叠纪的恐龙

始盗龙 始盗龙体长约1米，能够两足行走。

板龙 板龙体长6～8米，体重超过3.5吨。它是早期最大的植食性恐龙。

埃雷拉龙 埃雷拉龙的骨骼细而轻巧，这使它成了当时非常敏捷的猎手。

繁盛于侏罗纪

双脊龙 双脊龙头上长着两片大大的骨冠，前肢短小，善于奔跑。

华阳龙 华阳龙化石发现于中国，被认为是最古老的剑龙类，身上长有左右对称的骨板。

腕龙 腕龙的饭量非常大，每只腕龙每天能吃约1500千克食物，是今天大象食量的10倍。

异特龙 与早期肉食性恐龙相比，异特龙的骨骼更轻巧，身体更加强壮敏捷。

和平中华盗龙 和平中华盗龙活跃于侏罗纪晚期的中国四川，它们的头大而笨重，前肢短小，爪大而尖锐。

盛极而衰的时代——白垩纪

霸王龙

霸王龙的脑容量是其他肉食性恐龙的两倍多。

肿头龙

肿头龙的头顶是一个由实心骨骼构成的大圆顶，相当于它们的安全帽。

棘龙

棘龙是目前已知长度最长的肉食性恐龙，它也是目前发现的唯一会游泳的肉食性恐龙。

三角龙

三角龙是角龙类中最具代表性的恐龙，也是最晚出现和灭绝的恐龙之一。

似鸟龙

似鸟龙是从肉食性的兽脚类恐龙演化而来的。

慈母龙

雌性慈母龙在产蛋后会细心照顾幼崽。

空中霸主——翼龙类

在恐龙制霸陆地的同时，另一群脊椎动物飞上了天空，它们就是史上最大的飞行动物类群——翼龙类。目前已经发现的翼龙有100多种。中生代时，翼龙遍布大陆的每个角落，并演化出了不同的大小和形态。它们之中最小的体形和麻雀相当，最大的翼展超过12米，与一架小型飞机的宽度差不多。

索德斯龙

索德斯龙属于早期翼龙类。它们的颌部长而尖锐，牙齿成倾斜状，长长的尾巴占了身体的一半以上。

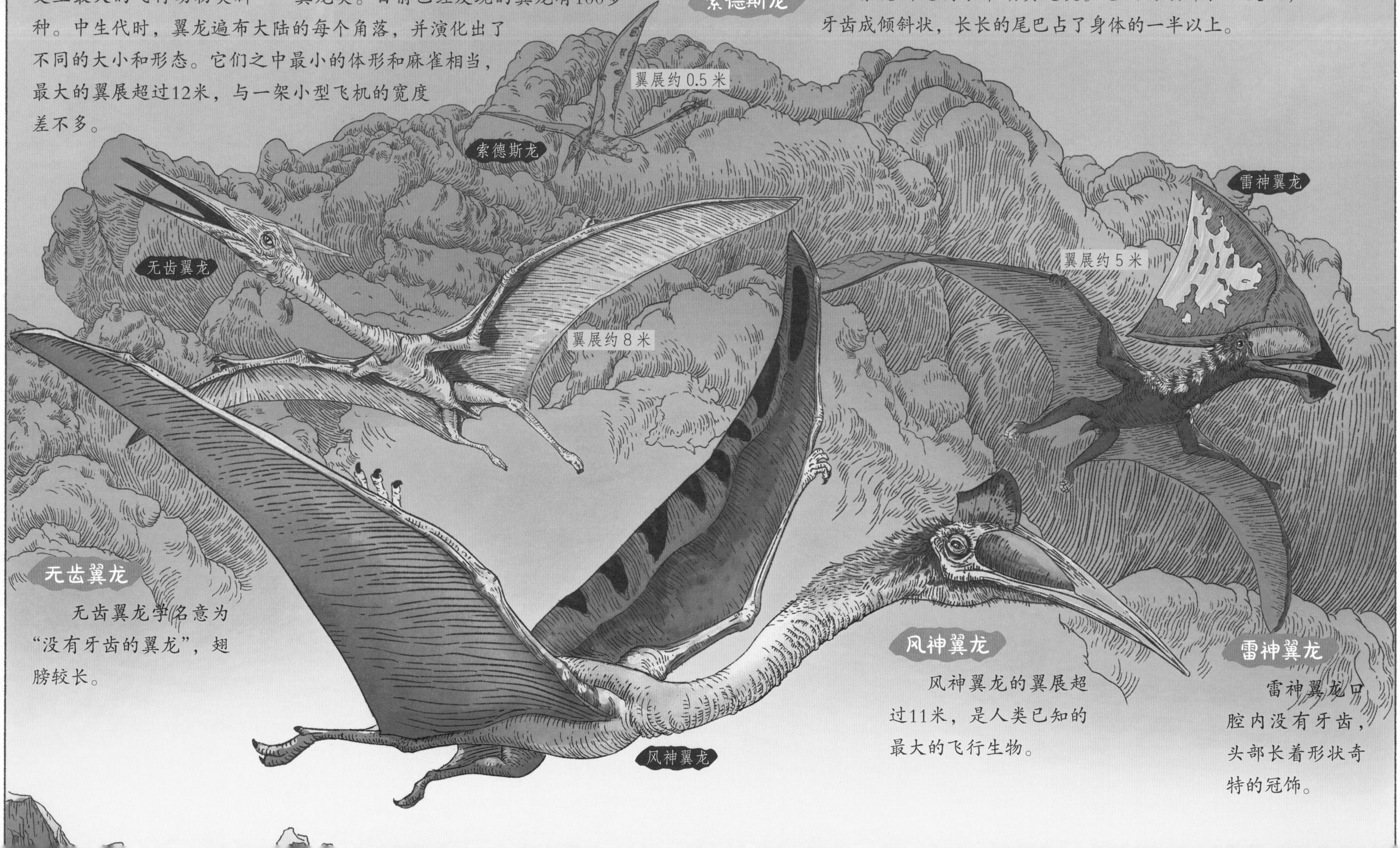

无齿翼龙

无齿翼龙学名意为“没有牙齿的翼龙”，翅膀较长。

风神翼龙

风神翼龙的翼展超过11米，是人类已知的最大的飞行生物。

雷神翼龙

雷神翼龙口腔内没有牙齿，头部长着形状奇特的冠饰。

海生爬行动物

晚三叠世，当恐龙还在与鳄鱼争夺陆地统治权时，海生爬行动物早已在海洋中生存了几千万年，并在进化中体形不断变大，繁盛一时。它们不属于恐龙，而是由一类小型陆生蜥蜴演化而来，并同恐龙一起生存到了白垩纪晚期。

巨板龙

巨板龙的脖子比脑袋要长一倍，它的构造比较原始，因其大大的肩胛骨而得名。

幻龙

幻龙是较早下水适应水生生活的陆地爬行生物。

蛇颈龙

蛇颈龙经常会把脖子高伸到海面之上寻找猎物，一旦发现猎物便一口咬住。

海王龙

海王龙是西部内陆海域中的顶级掠食者。

喜马拉雅鱼龙

喜马拉雅鱼龙生活于白垩纪晚期的中国西藏。

肖尼鱼龙

肖尼鱼龙是最大的鱼龙类成员。目前发现最大的肖尼鱼龙化石长达20米，体形和鲸鱼差不多大。

恐龙的逝去与新的开始

约 6500 万年前，一颗直径约 10 千米的宇宙陨石突然降临到地球上，在白垩纪晚期的墨西哥湾坠落。

这次撞击引发了一系列地震、海啸和火山喷发，大量尘埃和火山灰被抛入大气中，遮蔽了天空，地球迎来了长期的黑暗，气候环境也随之发生了翻天覆地的改变。植物枯萎、死亡了，植食性恐龙和肉食性恐龙也相继死去。

繁衍了近 2 亿年、统治地球时间最长的恐龙终究还是消失了。

幸存者们

恐龙灭绝后，鸟类逐渐繁盛起来。同时，原本在恐龙时代弱小的哺乳类动物，凭借其顽强的生命力也躲过了这次生物大灭绝事件，繁衍至今。

哺乳动物

鸟类

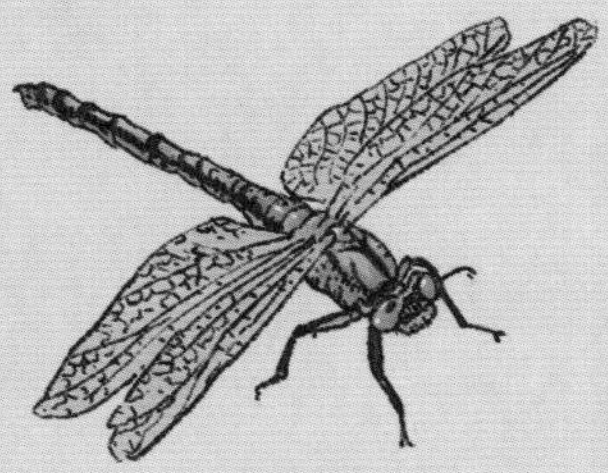

昆虫

两栖动物

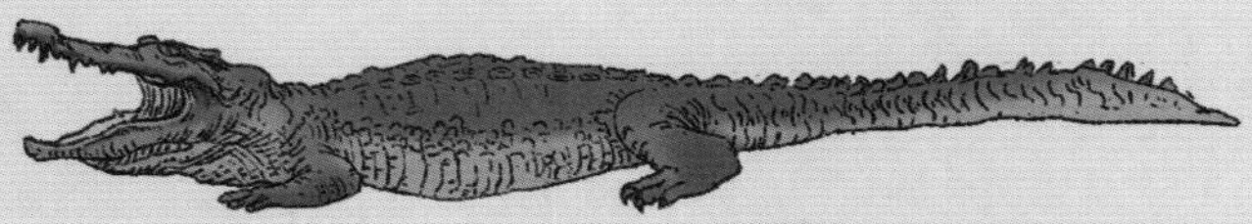

鳄鱼

鸟类诞生于侏罗纪时代，是两足兽脚类恐龙的后裔，它们是存在时间最长的恐龙类族群。

希克苏鲁伯陨石坑

希克苏鲁伯陨石坑位于北美洲墨西哥的尤卡坦半岛上，直径达180千米，是地球上已知的最大的陨石坑之一。

生态位——生命的位置

竞争

通俗来讲，生态位就是每个物种在自然界中所占据的位置。正如一个壁龛只能放置一件装饰品，一个生态位也只能容纳一个物种。

每个物种的生态位都不会重叠。如果发生重叠，重叠部分一定会产生激烈的竞争，最终只能留下一个物种。

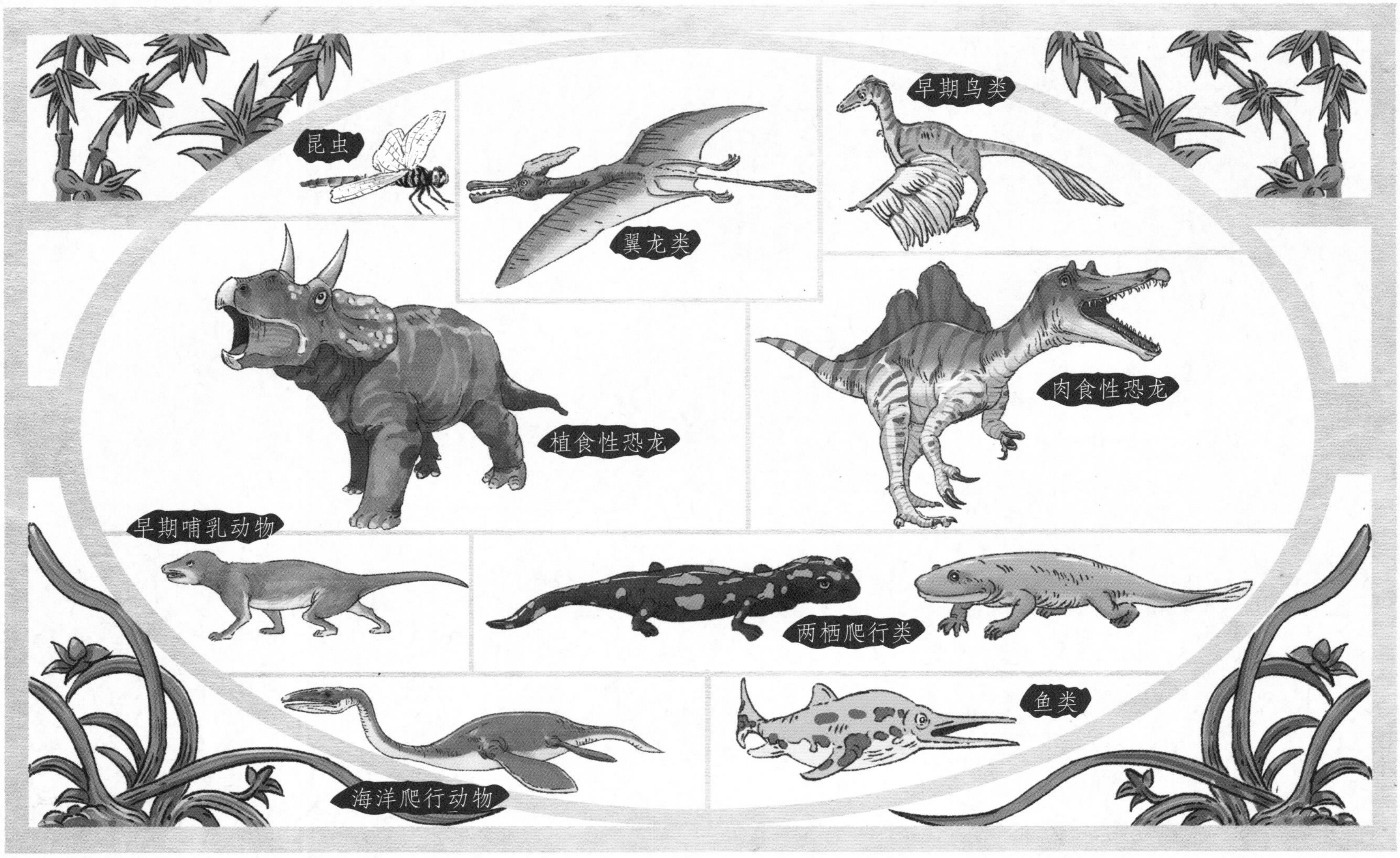

在恐龙统治地球的时期，分给哺乳动物的生态位只有没有恐龙出没的夜晚和无法容纳恐龙庞大身躯的狭小空间。

“抢椅子大战”

在进化过程中，地球上所有的生态位都已经被填满，很难出现新的生态位。每个生态位就像一把椅子，空出来的椅子会被迅速坐满。

豹子、老虎、狮子等填补了霸王龙等肉食性恐龙腾出的生态位。

恐龙灭绝之后，哺乳动物将空余出来的生态位全部填满。犀牛、马、羊等哺乳动物填补了三角龙等植食性恐龙腾出的生态位。

哺乳动物之间也存在对生态位的争抢，强壮的巨猿就曾在与大熊猫争夺生态位的过程中败下阵来，以至走向灭绝。

共存也是生存之道

生态位不单单是指空间环境，即便处在同一空间，只要食物不同就可以共享不同的生态位。

非洲的热带稀树草原上，斑马最爱取食位置较高的草叶上部，也能适应没什么水分的干草。角马则刚好相反，它们更偏好取食接近地面的草叶及地上的嫩草。然而被这两组“割草机”扫荡过的草场，瞪羚还可以再吃一遍——它们会啃食刚刚长出的嫩草。

食物相同，空间环境不同也可以共存。如其他大陆上狼等肉食性兽类的生态位在澳洲由当地的袋狼所占据。

与时俱进的植物

革命性的演化

在动物分门别类不断演化的同时，植物也没有停下自己的演化。从侏罗纪到白垩纪，被子植物出现并开出了花。凭借花粉和种子，它们迅速在陆地站稳了脚跟。

子房的出现，对植物来说是一次重大的变革，它对植物种子的保护和迅速传播起到了关键作用。

植物长出美丽的花朵，主要是为了吸引昆虫进行授粉，尽快完成受精。

草本植物比木本植物更高级

白垩纪末期，在地幔对流的影响下，大陆板块开始分裂、移动。频繁的地壳运动使得地球气候变得极不稳定，尤其在河流三角洲附近，植物无法再循序渐进地变成参天大树，它们改变着自身形态，开始向单子叶植物进化。

木本植物进化成草本植物，是为了应对瞬息万变的环境，加快生长速度，迅速开花，留下种子，完成世代更迭。

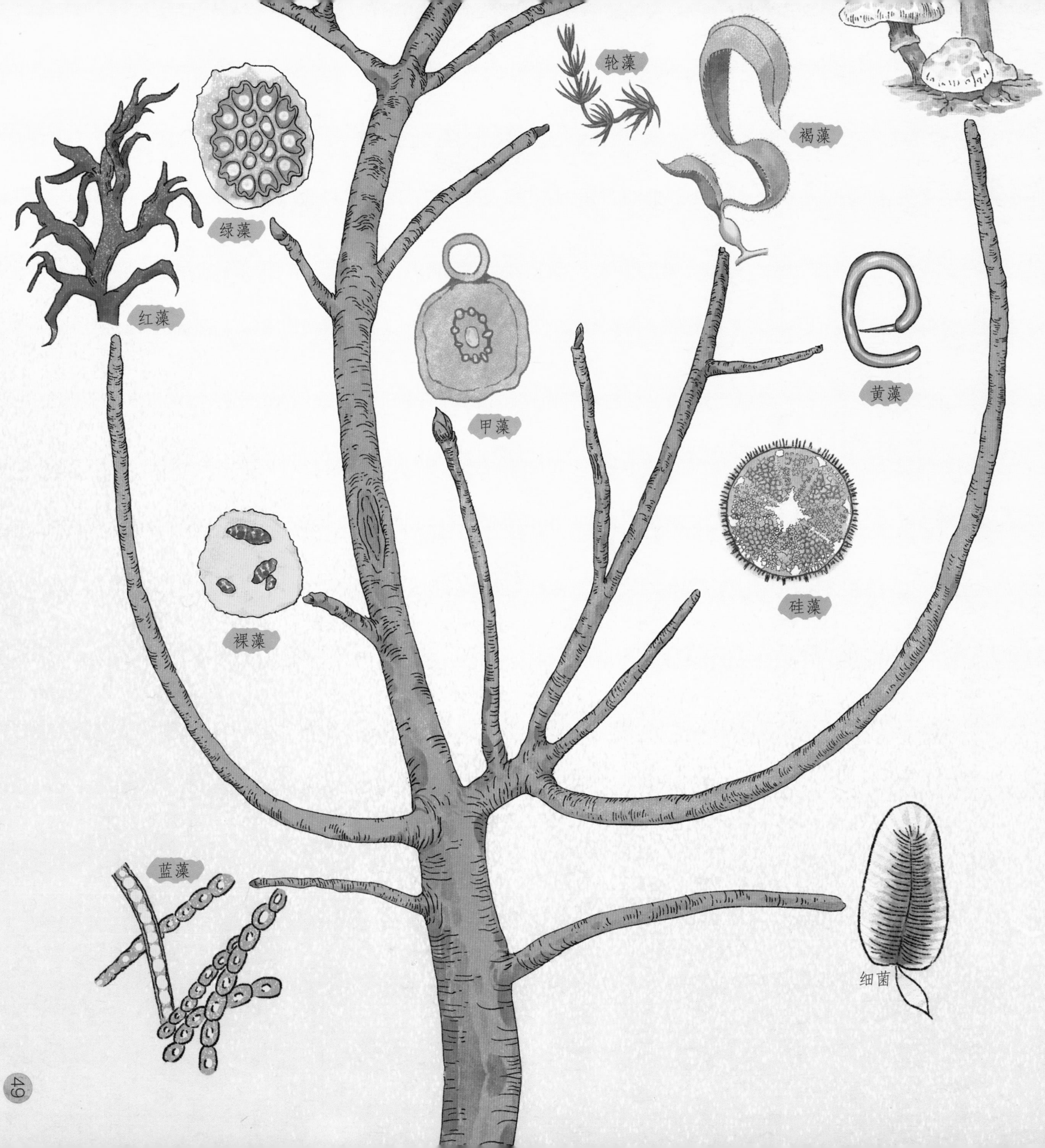

木本植物的生存之道

落叶

在严酷、多变的白垩纪晚期，并不是所有的植物都选择进化成草本植物。部分木本植物为了抵抗严寒和干旱，进化出新的御寒机制——落叶。

叶子是植物进行光合作用的重要器官，但水分也会通过叶子蒸腾流失。在寒冷、干旱的时节，落叶植物宁愿不进行光合作用也要优先节约水分。

针叶

为了抵抗低温与干旱，部分植物将它们的叶片抛光，使叶片变细，并在管胞之间形成孔隙，成为针叶树，在寒冷地区形成了广袤的森林。

鸟类的演化之路

最早的鸟类诞生于侏罗纪时期，它们的祖先可以上溯到“兽脚类”的两足类恐龙。当时的天空完全被翼龙类所制霸，鸟类处于弱势地位。白垩纪晚期的生物大灭绝事件不仅为哺乳动物腾出了陆地的生存空间，也给鸟类留出了天空中几乎所有的生态位，鸟类得以演化出万千物种，生存繁衍至今。

恐龙要飞

一般认为，鸟类是由驰龙类这一分支的恐龙演化而来。

羽毛的演化

① 最早的羽毛，是不分支的中空圆柱体；

② 从羽毛根部发育出很多柔软的簇状羽毛；

③ 形成中央轴，两侧分叉；

④ 长出次级分叉，有了早期羽毛的形态；

⑤ 分叉交织在一起，形成了早期羽毛；

⑥ 羽毛两侧不再对称，部分分叉重合，便于飞翔。

为了飞翔而进化

体形趋于小型化，体重减轻，长尾骨退化变短成综骨；

胸骨向外凸起形成龙骨，强大的肌肉群附着在上面，为扇动翅膀提供动力；

进化出多个与肺相连的气囊辅助呼吸；

大肠变得很短，可以及时排便减轻体重；

肾脏功能变强，可以快速净化静脉血液。

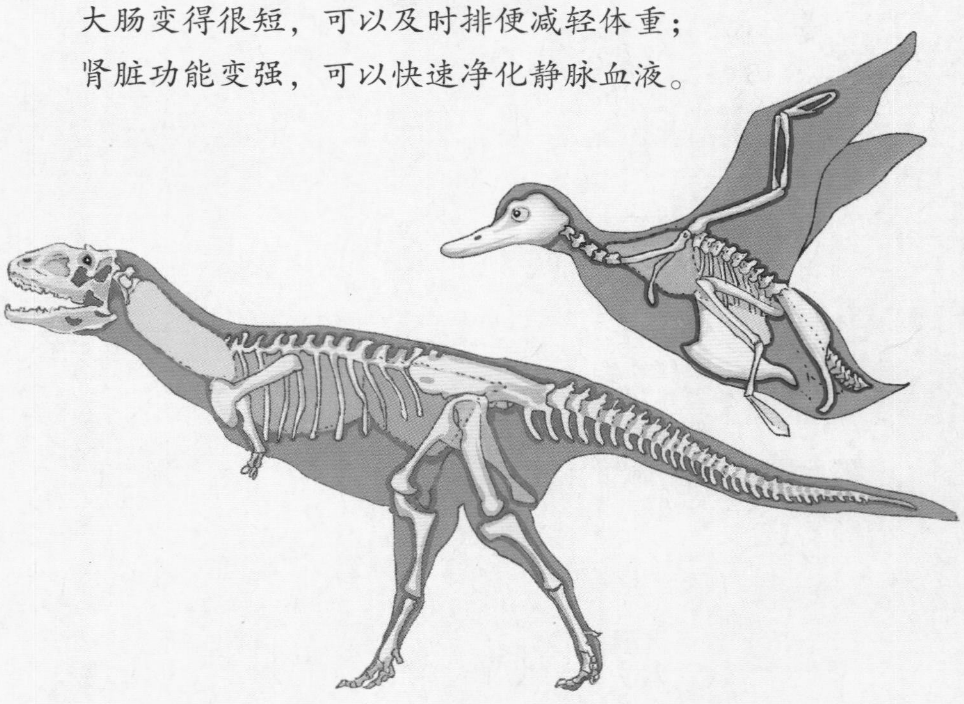

始祖鸟

始祖鸟没有巨大的胸骨来支撑强健的飞行肌，因此它们可能无法长距离飞行，而且它们还要爬到树上才能起飞，通过鼓动翅膀滑翔一小段距离来捕食昆虫。

1877 年，在德国发现的始祖鸟化石几乎保留了 100% 的骨头、牙齿和羽毛痕迹。

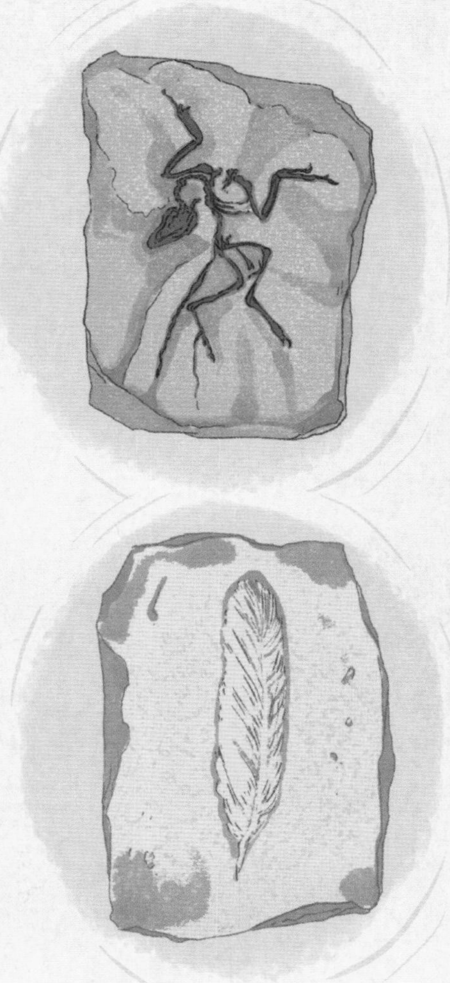

早期鸟类

孔子鸟

孔子鸟是最早的无齿鸟类之一，也是最早长有喙部的鸟类之一，它有着长而粗的尾巴，但缺乏强健的飞翔肌。

生存年代：白垩纪早期

鱼鸟

鱼鸟的大小、体重与现代海鸥相近，但它的头部和喙部在身体中占的比重更大。发达的胸肌证明它们可以在天空中自由地翱翔。

生存年代：白垩纪晚期

黄昏鸟

大部分黄昏鸟是不具备飞行能力的，它们没有翅膀，却长着一双巨大的蹼足。它们在水中靠捕捉迅速游过的鱼类和乌贼为食。

生存年代：白垩纪晚期

哺乳动物的演化与崛起

哺乳动物的演化

早在三叠纪哺乳动物就已出现，它们由古老的爬行动物进化而来。

在与恐龙争霸中败下阵来之后，哺乳动物选择退出部分生态位，进化成了夜行性动物。它们的体形渐渐缩小，开始栖息于恐龙难以触及的狭小、阴暗地带，以小型动物和昆虫为食。

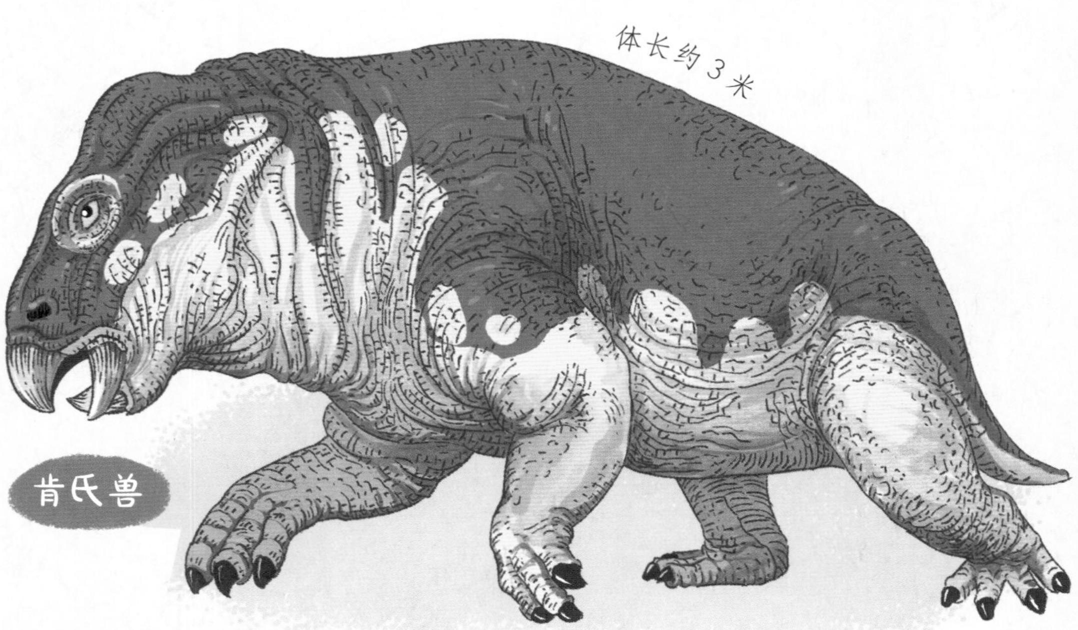

它们也因此进化出了更加发达的听觉与嗅觉，并开始采用胎生的方式繁育后代。

哺乳动物通常具有用于保温的浓密毛发。

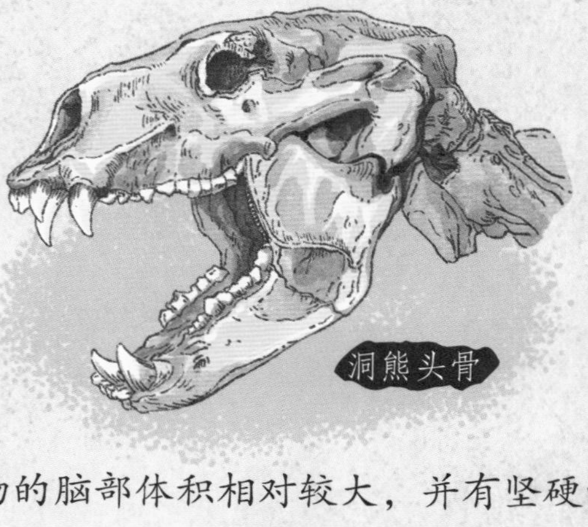

哺乳动物的脑部体积相对较大，并有坚硬的头骨保护。

约6500万年前，恐龙灭绝了。哺乳动物迅速抓住机会，填补了空出来的生态位，代替恐龙成为新的陆地统治者。现今，约有5000种哺乳动物活跃在地球上。

哺乳动物的分类

有袋类

大部分有袋类哺乳动物长有育儿袋，它们属于最古老的哺乳动物之一。

袋鼠

鲸类

尽管鲸类生活在海洋中，但它们必须浮到水面上呼吸。

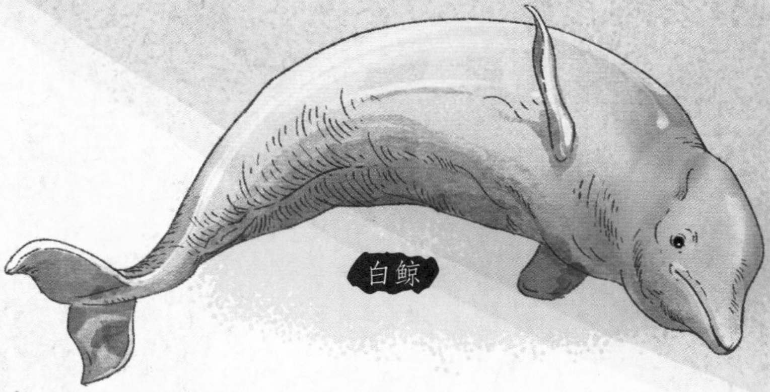

白鲸

有蹄类

有蹄类哺乳动物数量庞大，种类繁多，它们的蹄子由又大又重的趾甲构成。成员多以植物为食。

马鹿

啮齿类

啮齿类是现生哺乳动物中规模最大的一个类群。大部分啮齿类哺乳动物体形细小，很多拥有长长的尾巴。

南非豪猪

灵长类

灵长类动物的大脑相对发达，是动物界中的高等类群。

南方巨猿

有袋类——哺乳动物中的异类

作为最古老的哺乳动物之一，有袋类兴起于白垩纪晚期。

不同于其他哺乳类，有袋类会在胎儿不成熟时就诞下幼崽，然后将其放在腹部的育儿袋里哺育成熟。

袋狮

考拉

阿根廷古袋兽

袋狼

双门齿兽

卡拉袋鼬

红袋鼠

袋剑齿虎

袋貘

袋狮：袋狮可能是澳大利亚历史上最大的肉食性哺乳动物。它们有着类似猫的短脸，突出的前切齿演化成了捕猎武器。

卡拉袋鼬：卡拉袋鼬是原始的肉食性有袋类，外貌、大小可能都和水獭相似。它们有着长长的身体和尾巴以及短短的四肢。

现生有袋类有近 300 种，它们大多居住在澳大利亚。大家熟知的袋鼠就是有袋类的代表。

大洋洲隔绝的自然环境是有袋类得以存活至今的重要条件。但由于 18、19 世纪英国殖民者的大肆捕猎和外来动物的引入，很多有袋类几近灭绝。

考拉：考拉是澳大利亚的国宝，也是澳大利亚奇特的原始树栖动物。

红袋鼠：红袋鼠是体形最大的有袋类。它们非常善于跳跃，在缓慢行进时，每一跳约1.5米；在奔跑时，每一跳可达9米以上。

阿根廷古袋兽：阿根廷古袋兽有着大大的眼睛，就算在漆黑的夜晚也能看清周围环境。它们的头部和啮齿类有些相似，但有一个尖尖的吻部。

袋剑齿虎：与猫科动物不同的是，袋剑齿虎的牙齿从未停止过生长。

袋狼：袋狼头似狐狸，身上长有像老虎一样的斑纹，嘴裂程度相当大。它们能上树，擅长从树上跳下伏击猎物。

袋貘：袋貘与现生貘外表相似，体形稍大一些，有育儿袋。它们会拉下树枝来采食叶子。

双门齿兽：双门齿兽是已灭绝的史上最大的有袋类动物，它们的四肢大而粗壮，身体敦实厚重，喜欢吃树叶和灌木，能用巨大的爪子刨开泥土，搜寻植物的根茎。

有蹄类——枝繁叶茂的哺乳类

蹄与趾

大部分有蹄类都是植食性动物。它们用四足行走，趾端有蹄。所有的有蹄类都由长着5个足趾的祖先演化而来。

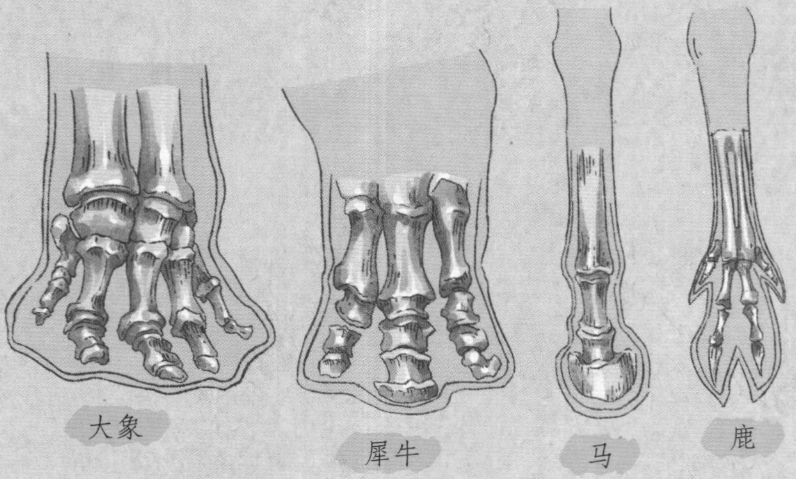

消化系统

有蹄类动物的牙齿非常适合研磨食物，它们有着极为特殊的消化系统，能够分解植物细胞壁中难以消化的纤维质。食物在盲肠和大肠或特殊的胃室中，由微生物发酵。部分有蹄类还会有“反刍”行为。

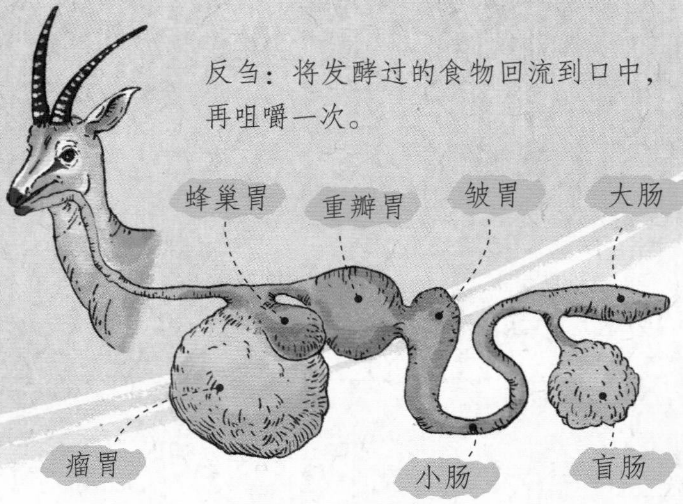

奇蹄目

奇蹄目因趾数多为单数而得名。奇蹄目成员胃结构简单，不具备偶蹄目部分成员那样多的胃室，但盲肠大、呈囊状，可协助消化植物纤维。

中新貘

奇蹄目在演化早期就出现了貘类，中新貘有着粗壮的身体和短而灵活的吻部，它们的腿和尾巴也很短。

三趾马

三趾马类似于现代马，有3根脚趾，其中2根已经退化，接触不到地面。

板齿犀

板齿犀及其近亲都是奇蹄目动物，它们的每一只脚都长着3根脚趾。

偶蹄目

因每足的蹄甲数为偶数（四或二），故称偶蹄目。中新世全球气候变得干燥少雨，大量雨林枯亡，草原开始发育，并向全球蔓延开来。草是一种很难消化的食物，而拥有复杂消化系统的偶蹄目能有效利用这种粗糙、低营养的食物。它们逐渐取代大部分奇蹄目动物的生态位，成为植食性动物的主体。

大角鹿

大角鹿是目前已知的体形最大的鹿。它们生活在欧亚大陆，约7700年前灭绝。

旋角羚

旋角羚是生活在撒哈拉荒漠上的一种羚羊，它们属于偶蹄目牛科动物。

古骆驼

虽然是骆驼的祖先，但古骆驼却长得很像长颈鹿。它们的主要食物可能是树叶而非草类。

蛇发怪河马

蛇发怪河马类似于现代河马，但体形较大，嘴更长，眼眶更突出。

长颈鹿

长颈鹿是一种生长在非洲的反刍偶蹄动物。

巨疣猪

巨疣猪栖居于东非，和早期人类生活在同一时代。现已灭绝。

啮齿类和兔类

如今的啮齿类是哺乳动物中最大的类群，占所有现生哺乳动物的 40%。

它们大多是体形娇小的植食性动物，包括松鼠、大鼠、小鼠、海狸等几大类。啮齿类大多居住在洞穴中，也有一部分居住在树丛和水中。

啮齿类通常有四颗用于啃咬食物的门牙，身披皮毛，趾有尖爪。

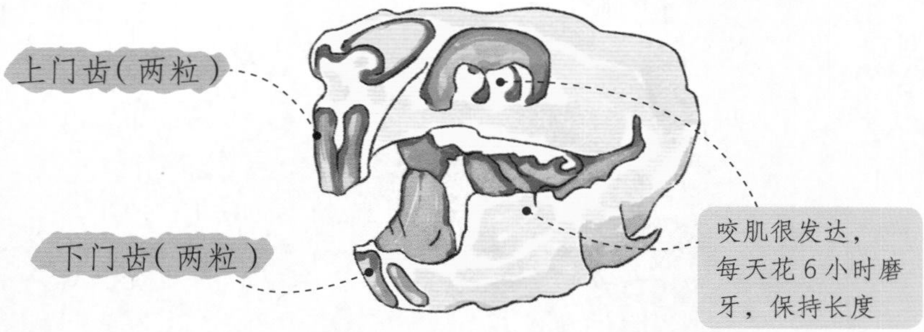

兔类和啮齿类极为相似，但它们的上颌前部有两对啃咬齿。远古兔类和今天的兔子极为相似，也活跃于山林草丛之间。

远古海狸兽

远古海狸兽是白垩纪生物大灭绝事件的幸存者。它们周身覆盖着皮毛，长着带有尖点的较大臼齿，能用锋利的牙齿磨碎较硬的植物。

体长约 0.9 米

古兔

古兔的后肢比现生兔类要短很多，很可能它们并不擅长跳跃，而是像松鼠一样疾跑。

巨河狸

巨河狸的体形与黑熊相近，牙齿又宽又大，可能栖息在水边或堤坝上。

国父水豚

国父水豚是已知最大的啮齿类。与其他啮齿类一样，国父水豚的门齿会一直生长。除了进食外，它们必须经常啃食其他东西以保证牙齿的长度刚刚好。

始豚鼠

始豚鼠是南美洲最典型的啮齿类，也是豚鼠和水豚的近亲。

有角囊地鼠

有角囊地鼠是已知体形最小的有角哺乳类，也是少数有角的啮齿类之一。

米拉鼠

它们很像今天的土拨鼠，但头骨上却长有一对角，十分特别。

猫科动物

最早的猫科哺乳类出现在距今约3500万年前。后来，它们逐渐演化成现生猫科动物，其中包括狮子、虎、豹和家猫等很多大家耳熟能详的成员。

作为哺乳动物中最专业的猎手，猫科动物大多具有锋利的牙齿和强有力的前肢，有力的双颌可以轻易撕碎猎物。

恐猫

恐猫体形大小与豹子相当，它们生活在距今500万至100万年前。

它们的皮毛上很可能布满斑点或条纹，对其在丛林中狩猎隐藏自身很有帮助。恐猫曾是生活在非洲的南方古猿的天敌。

始猫

始猫又名原猫或原小熊猫，它被认为是所有猫科动物的共同祖先。始猫头很小，眼睛却很大，尾巴很长，犬齿粗大并且很长，能够轻易咬开动物的皮毛。

洞狮

洞狮的体形要比现代狮子大四分之一，是体形较大的猫科动物之一。它们的灭绝既有气候变化的原因，也和人类的捕杀有关。

猎虎

猎虎的身体圆润，背部较长，四足很像犬类。

惊豹

惊豹又称北美猎豹，它们进化出了仅能部分伸缩的爪子，以便于高速奔跑时防滑。它们以快速奔跑的有蹄类动物为食，例如叉角羚。

剑齿虎

剑齿虎的身体强壮有力，能够直接扑倒猎物并撕开它们的喉咙。但剑齿虎的尾巴却很短，类似于现代山猫。大部分剑齿虎亚科成员以草原上的大型食草动物为食。

剑齿虎的化石常被成群发现，这说明它们很可能过着群居生活。

犬科动物

犬类是最古老的肉食性哺乳动物类群之一。最早的犬科动物几乎只生活在北美洲，后来它们才开始向其他大陆迁徙。多样的栖息环境和食物类型使得它们逐渐演化出了不同的种群，包括现生的狐狸、豺狼、土狼、狼和狗等。

与猫科动物相比，犬科动物的体形偏小，捕食技巧也落于下风，但群体协作捕猎的方式与良好的耐力很好地弥补了这些劣势。

恐犬

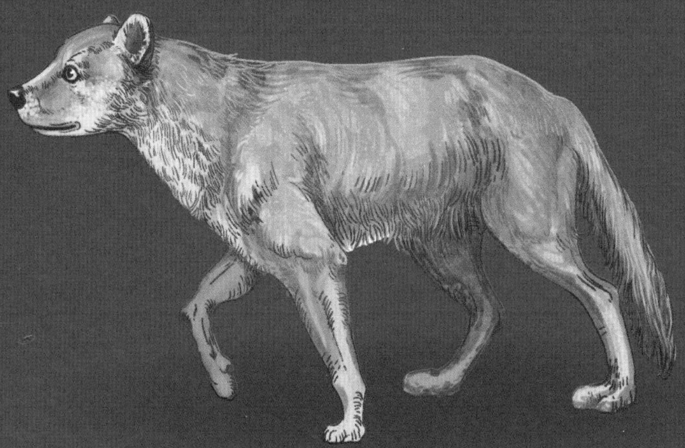

恐犬很可能是一种食腐动物，它们长着可以咬碎动物骨头的锥形牙齿，短而突出的颌部和口鼻部也说明了这一点。

游荡在北美大草原上的恐犬，利用自己灵敏的嗅觉四处寻找着腐尸。

恐狼

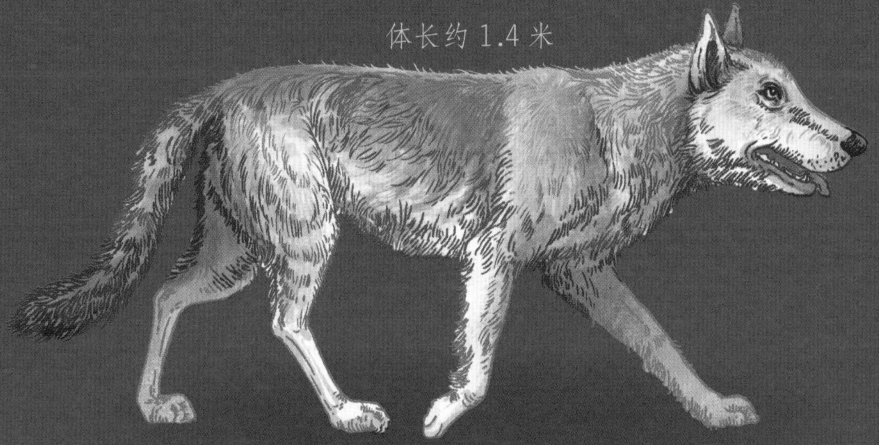

体长约 1.4 米

已发现的恐狼牙齿化石大都严重磨损，说明它们很可能不是猎手，而是食腐动物。它们的身体和四肢较现生狼更为短粗、结实，肩膀宽阔，头大而沉重。

灰狐

体长约 1 米

栖息于森林地带的灰狐会以其他小动物或水果为食。与其他犬类不同的是，它们很善于爬树，以躲避其他凶猛的天敌。

黄昏犬

黄昏犬可能是犬类的直系祖先。虽然外形类似猫鼬或麝猫，但牙齿的生长方式及内耳结构表明它们的确是原始的犬类。黄昏犬的尾巴很长，但四肢较短，也比较柔软。

体长约 0.8 米

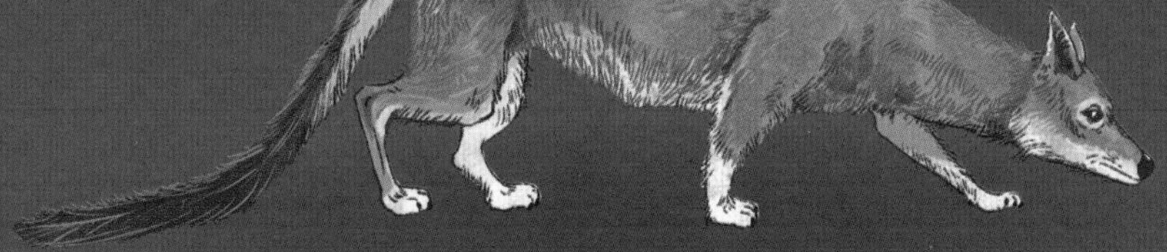

豺

豺的体形较小，吻部比狼要短一些，脸盘也宽一些，耳朵圆润可爱，但它们依然是凶猛的猎食者。豺经常以家庭为单位成群出现。

体长 0.8 ~ 1.3 米

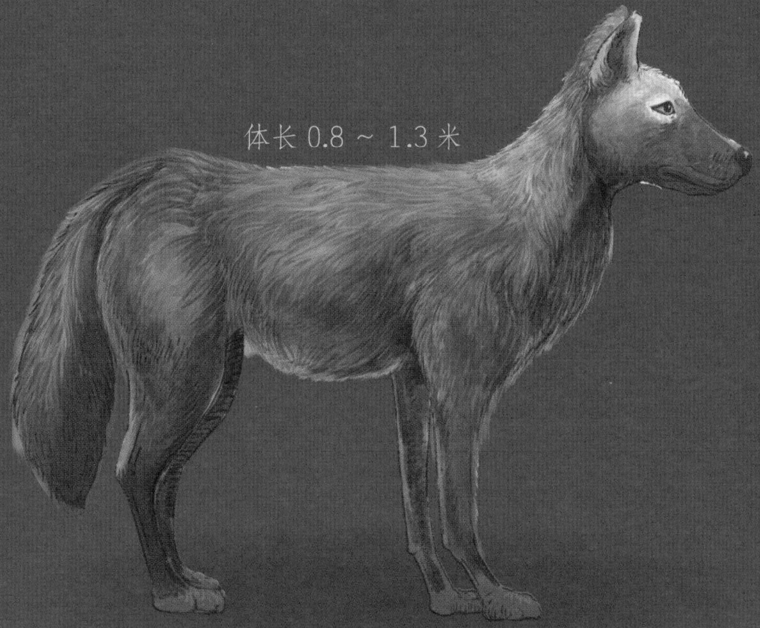

象的演化史

在哺乳动物中，大象属于一个独特的族群——非洲兽总目。它们存活至今的远亲包括海牛、土豚、蹄兔、象鼩、马岛猬等。

已知最早的象的身高不到 1 米，大象并非生来即是巨兽，而是在漫长的演化过程中逐渐变大变强的，长长的鼻子和牙齿是它们最明显的体征。

目前，长鼻类只剩下非洲象和亚洲象两类，请善待它们。

始祖象

始祖象的四肢过于短小，身躯如酒桶一般，生活方式已向水栖方向特化。可见，它们并不是现代象的祖先。

古乳齿象

一般认为，古乳齿象是象类的祖先。下齿扁平，如同一把大铲子，可以方便它们在沼泽觅食时，将水中植物捞起。这种牙齿结构很大程度上弥补了古乳齿象鼻子太短的缺点。

乳齿象

最后的乳齿象灭绝于公元前8000年的美洲。它们的头很长，但抬不高，前端长着一对粗大上弯的门齿。

恐象

恐象的鼻子要短于现生象，但它们的个头儿却比非洲象还要略大些。值得注意的是，恐象的下颌呈直角下弯，上面还长有两根弯曲的大象牙。

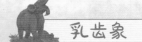

剑齿象

剑齿象比现代象体格大、门齿长，臼齿的嚼面上有横脊。

真猛犸象

真猛犸象也称长毛猛犸，主要生活在寒带苔原地带。它们周身覆盖着又长又密的长毛，毛发呈姜黄色。

非洲象

非洲象属于现代象的一种，是现生最大的陆地哺乳动物。它们的体形比亚洲象稍大，我们可以通过非洲象大如蒲扇的耳朵将其同亚洲象区分开来。亚洲象的耳朵更圆、更小。

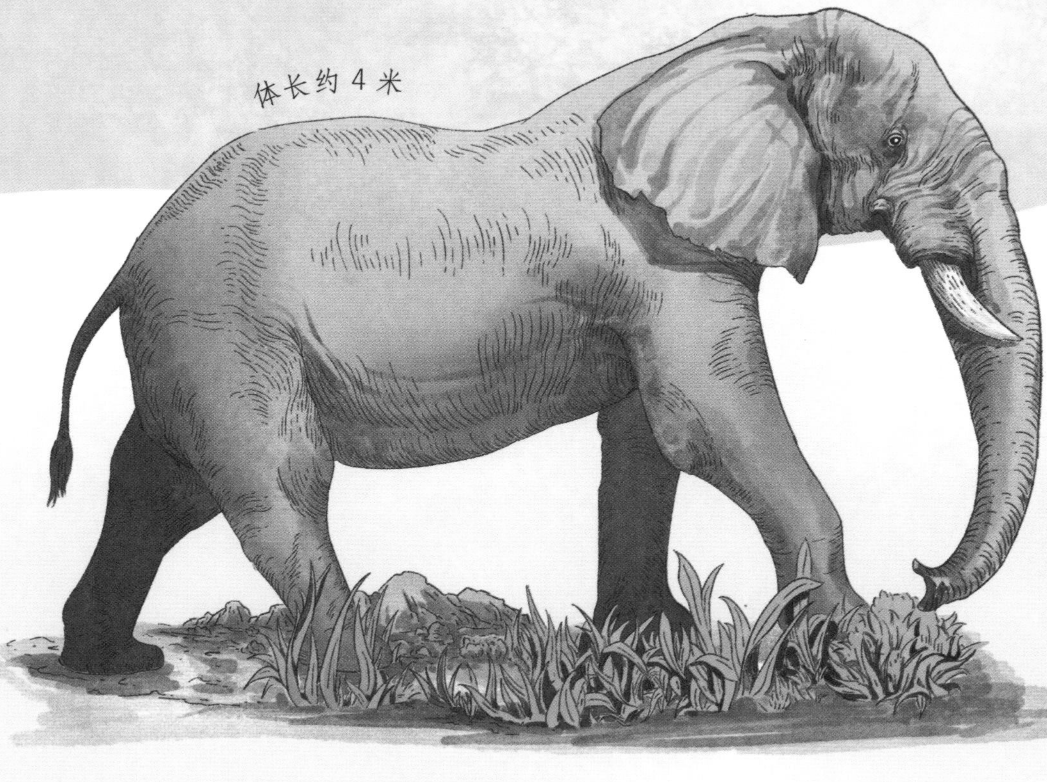

大型化趋势

在稳定、适宜的生存环境中，多数物种都有着大型化的趋势，这既是对自身优势的显示，也是出于自我保护的需要。

鲸的历程

你一定很难想象，作为现生最大的哺乳动物，鲸类竟然是由千万年前体形较小的陆生哺乳动物演化而来的，它们的祖先甚至一点也不像鲸。

鲸的祖先

巴基兽

巴基兽的眼睛像鳄鱼，长在头骨顶部，这样在潜水时它们就能很好地侦察到水面上的情况。

生存年代：约 5000 万年前

游走鲸

游走鲸大部分时间生活在水中，它们的脚很宽，可能有蹼。

生存年代：约 4900 万年前

雷明顿鲸

作为鲸的祖先之一，雷明顿鲸几乎一直生活在海里，它们曾经用于在陆地保持平衡的结构也已经消失。

继续演化

时光流逝，世代更替，鲸类祖先用于支撑身体的腿渐渐消失了，变成了鳍与鳍状肢，身体也演化为流线型，向现生鲸类又迈进了一步。

原鲸

原鲸的鼻孔不再像它们的祖先那样长在口鼻部的前端，而是处于头骨顶部中间的位置。

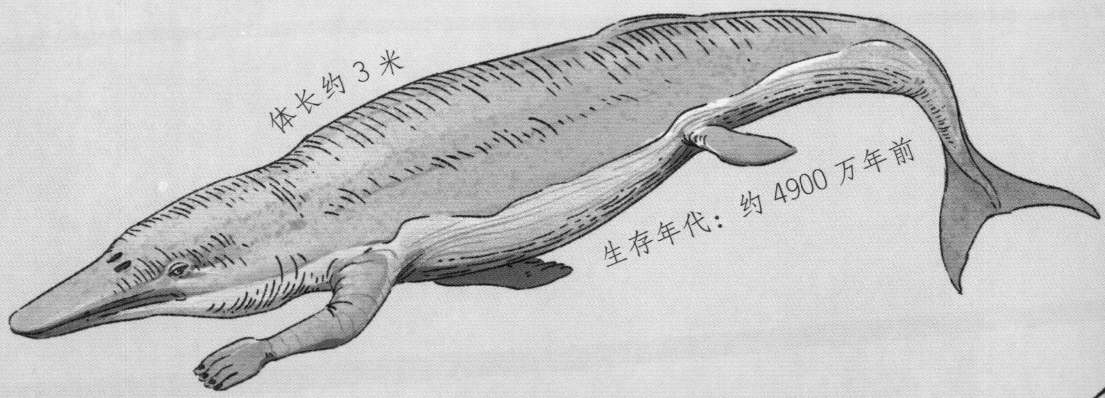

龙王鲸

龙王鲸的化石在世界多地都有发现，说明当时它们生活在整个海洋中。

现代鲸来了

现代鲸分为两种：须鲸类和齿鲸类。

须鲸类的体形更庞大，它们没有牙齿，靠滤食海水中的磷虾为生。

齿鲸类一般体形较小，它们会用牙齿捕食乌贼和鱼类。

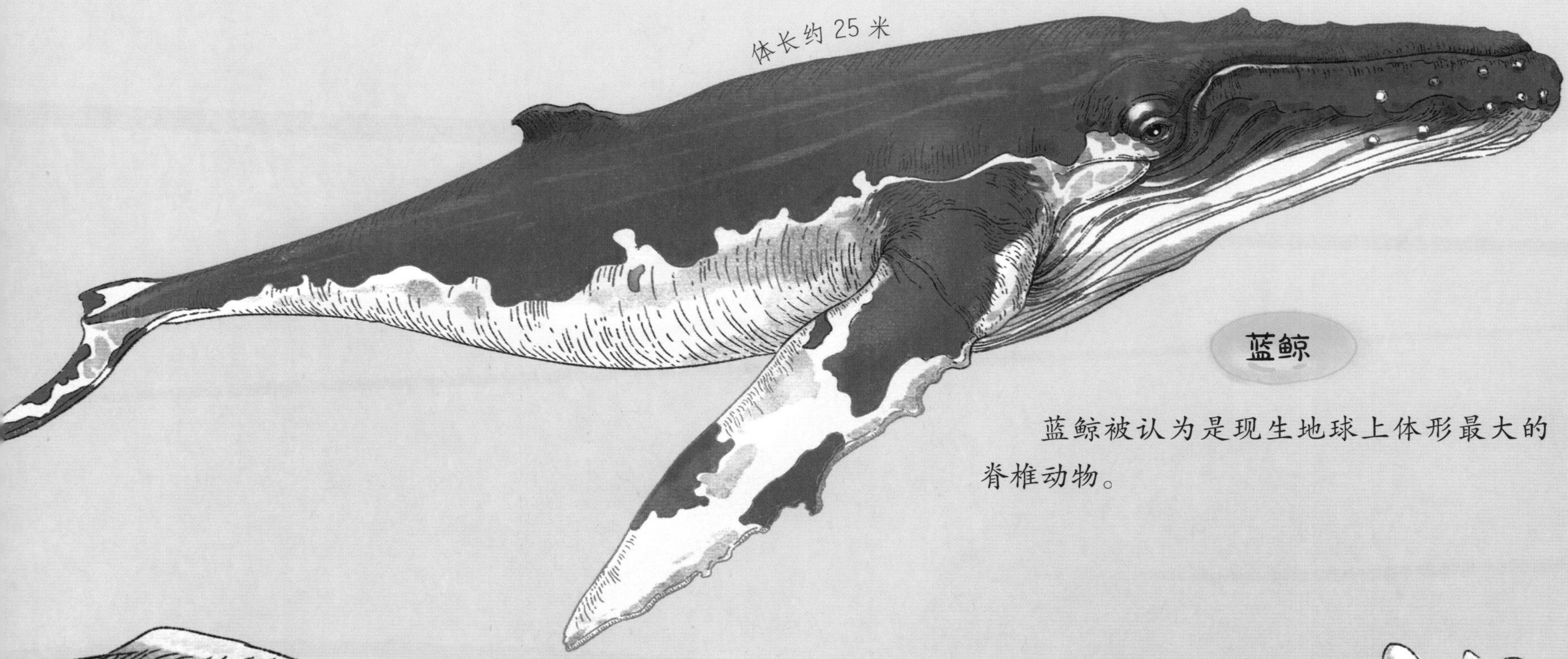

蓝鲸

蓝鲸被认为是现生地球上体形最大的脊椎动物。

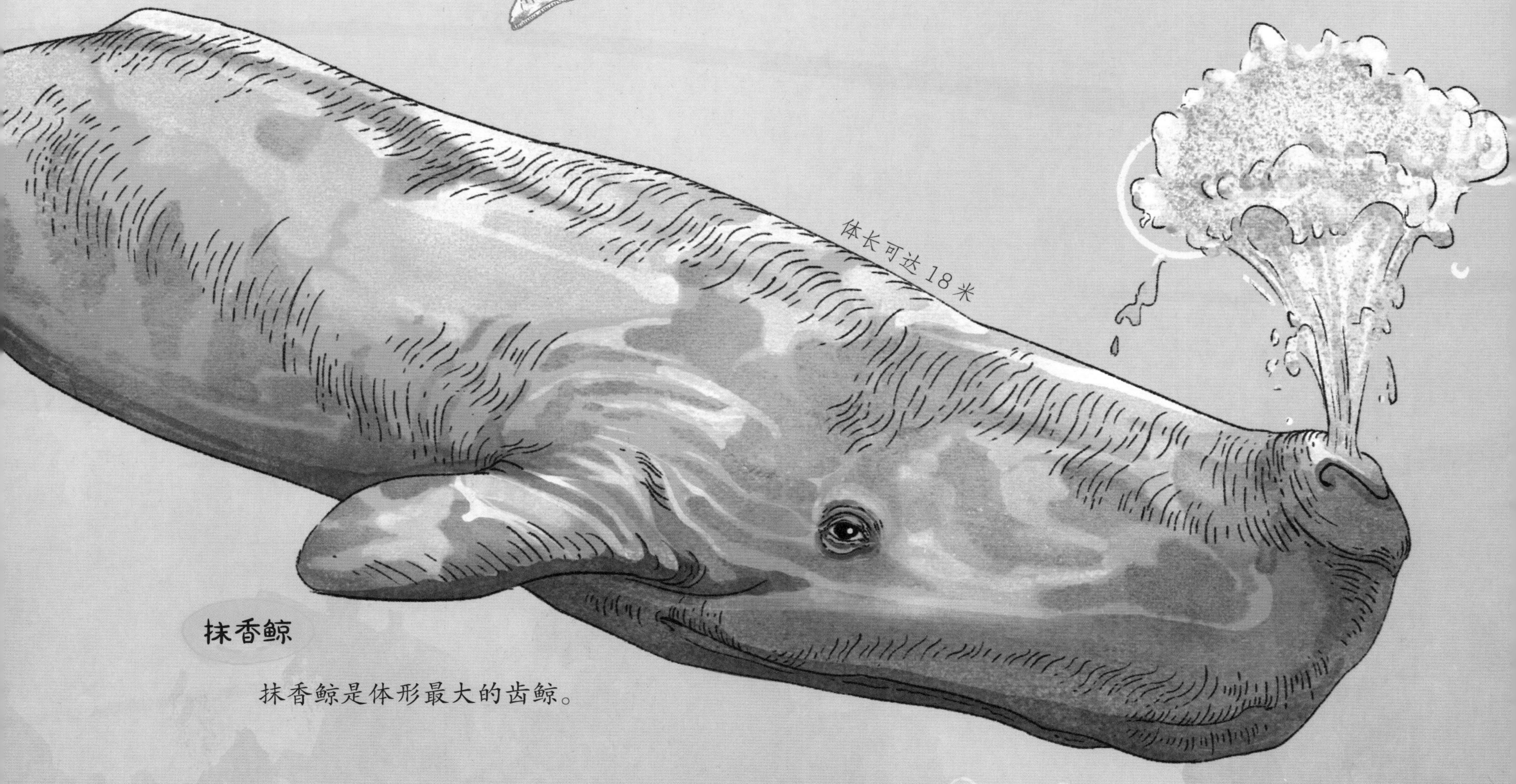

抹香鲸

抹香鲸是体形最大的齿鲸。

鲸类鼻孔位置的变化

为了适应水生生活，便于在水面呼吸，鲸类的鼻孔不断后移，现代鲸的鼻孔位于头骨顶部，呼吸时会喷出空气和水的混合物。

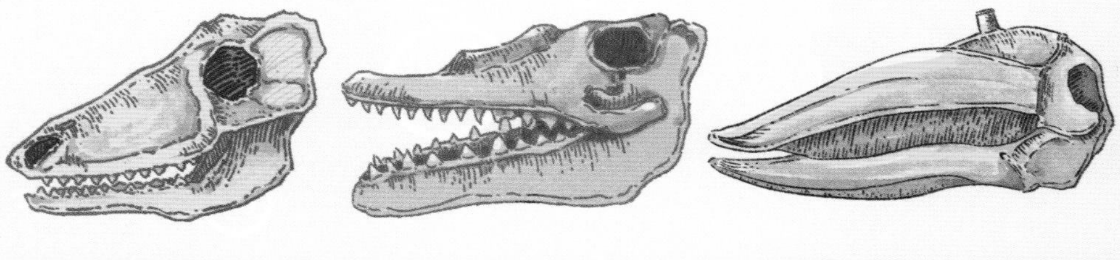

灵长类出现

灵长类大致可分为猴、猿、人三类。最古老的灵长类出现于 6500 万年前，当时的灵长类还很难从其他早期哺乳类中区别开来，长相更像啮齿动物。

灵长类的祖先

树鼩

树鼩的眼睛长在头两侧，较短的脚趾和爪子有助于它们在树上爬行，长长的尾巴也是最有效的身体平衡器官。

直到5500万年前，地球上才出现了与现生灵长类相似的祖先，它们的体形小巧，行动敏捷，手脚具有极强的抓握能力。

大脑的进化

为了更好地辨别食物、躲避敌害，灵长类的脑容量不断增大，而群居生活的特性也使它们有了更多的沟通与信息传递。大脑的进化是灵长类向顶级生态位迈进的关键一步。

此时的灵长类逐渐演化为原猴和猴两类。

埃及猿

埃及猿体形较小，是人们了解较多的早期高等灵长类。

生存年代：约 3000 万年前

狐猴

狐猴是现存最原始的灵长类，仅分布于马达加斯加岛及科摩罗群岛的森林中。

猴子的种类

根据鼻子及尾巴特征的不同，猴类可分为阔鼻猴和狭鼻猴两大类。

中猴

中猴属于狭鼻猴。它们的鼻子狭窄，四肢肌肉发达，有着灵活的手指。它们的尾巴不能缠绕在树枝上。

侏儒狨猴

侏儒狨猴是阔鼻猴的一种。它们的鼻子扁平，尾巴灵活、有力，能在林间悠荡。

没有尾巴的灵长类

约 2000 万年前，由于地球气候、环境的变化，狭鼻猴类的某一分支意外发生了基因突变，它们的尾巴消失了。

为克服尾巴缺失带来的身体平衡问题，它们改变了原本爬行、跳跃的运动方式，改为利用更强有力的前臂在树枝间悬挂、摆荡。原本树栖的它们也渐渐具备了陆栖、树栖两种能力。它们的脑部容量也较之前更大了。

这个新出现的物种被我们称为“猿类”。

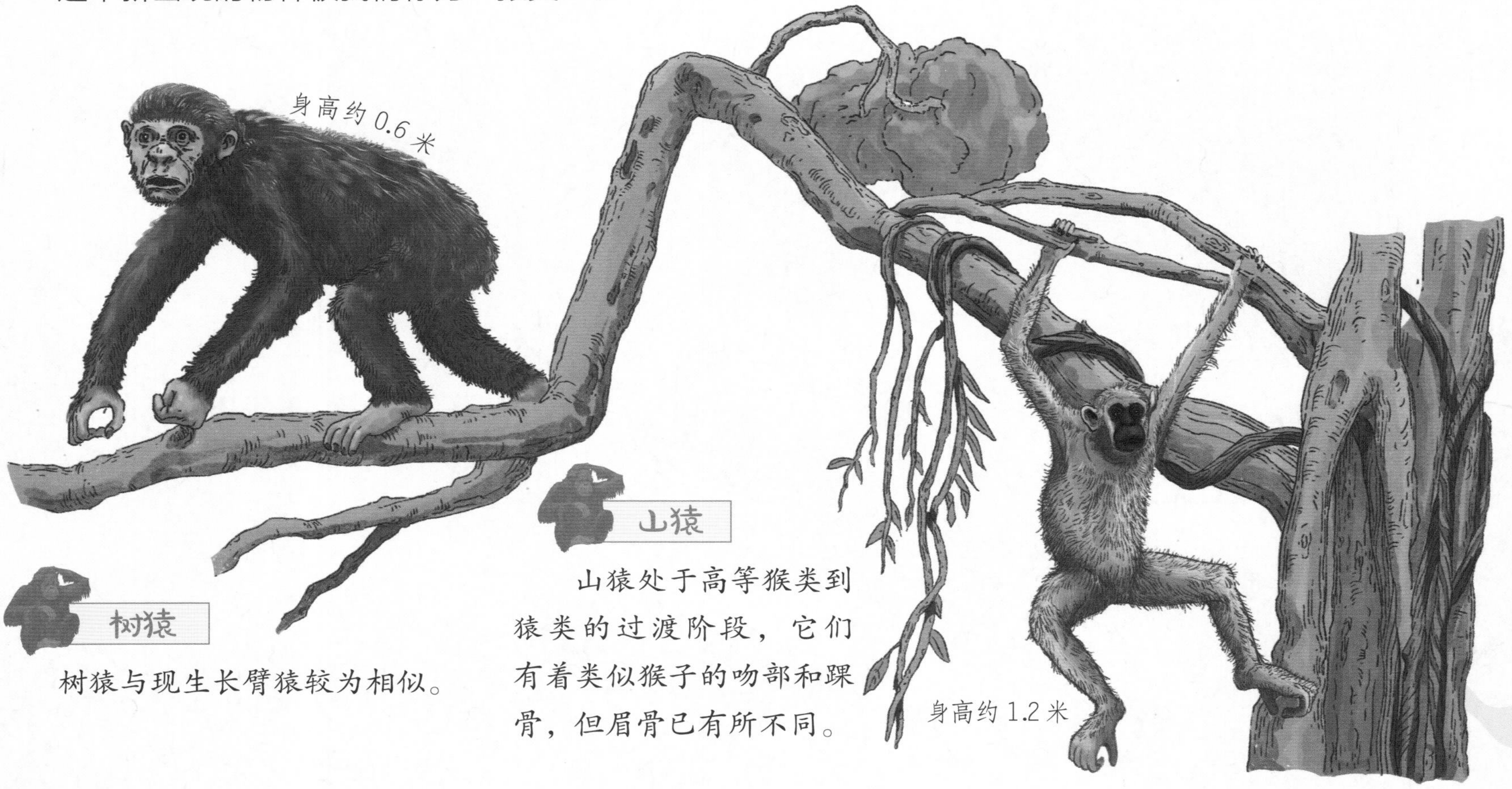

树猿

树猿与现生长臂猿较为相似。

山猿

山猿处于高等猴类到猿类的过渡阶段，它们有着类似猴子的吻部和踝骨，但眉骨已有所不同。

巨猿

巨猿可能是有史以来最大的猿类。生活在地面上的巨猿很可能以竹子为食，它们的牙齿比现代大猩猩的牙齿宽两倍。

西瓦古猿

西瓦古猿可能正处于从树上迁移到地面上的过渡阶段。在体态特征上，西瓦古猿与猩猩更为接近。

森林古猿

森林古猿曾广泛分布于非洲、亚洲及欧洲。它们的体态特征界于猿类与人类之间，可能是人类和类人猿的共同祖先。

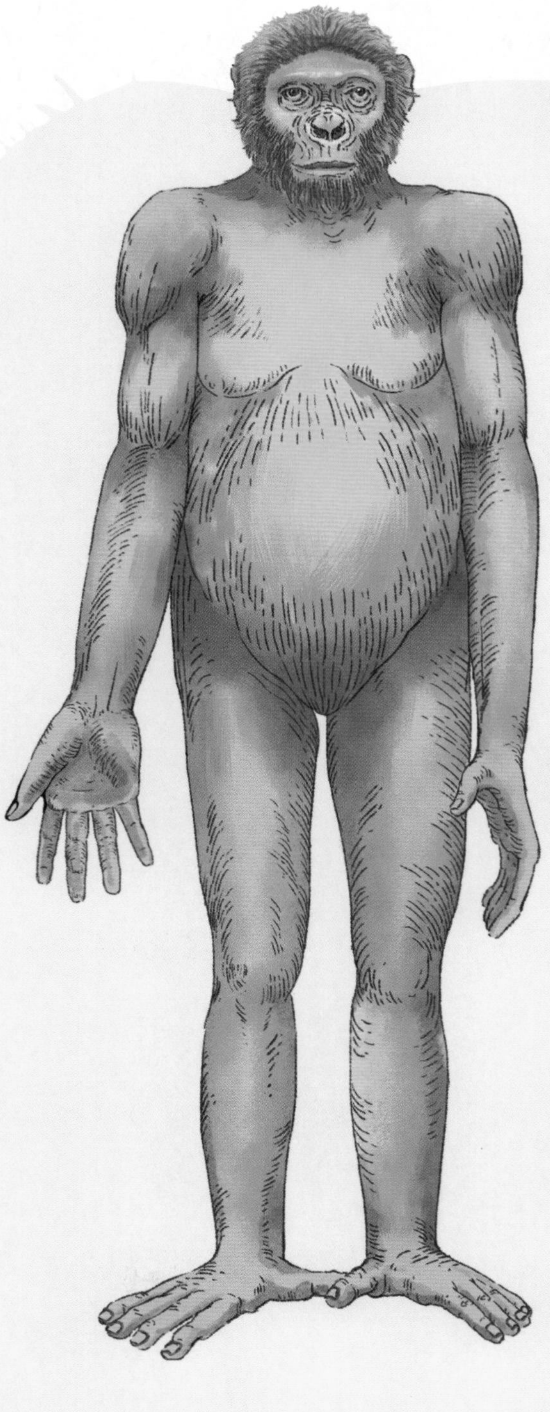

地猿

地猿的脚趾骨表明它们已经可以直立行走，同时也适应了树栖生活。

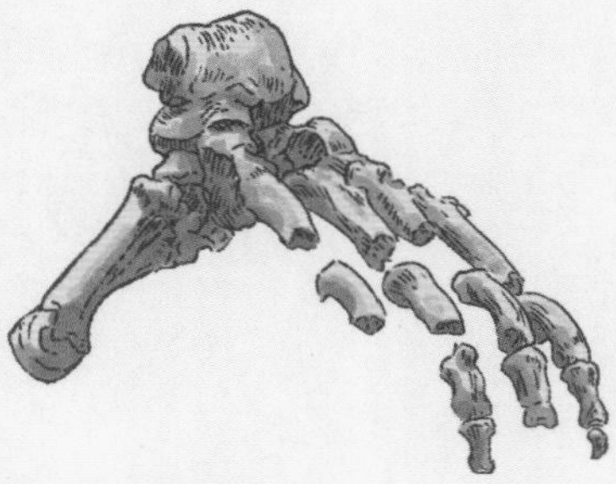

猿类原本生活在树上，随着树林的减少，强壮有力的猿类仍占据树林，相对弱势的猿类被赶下树，其中一部分就演化成了地猿。

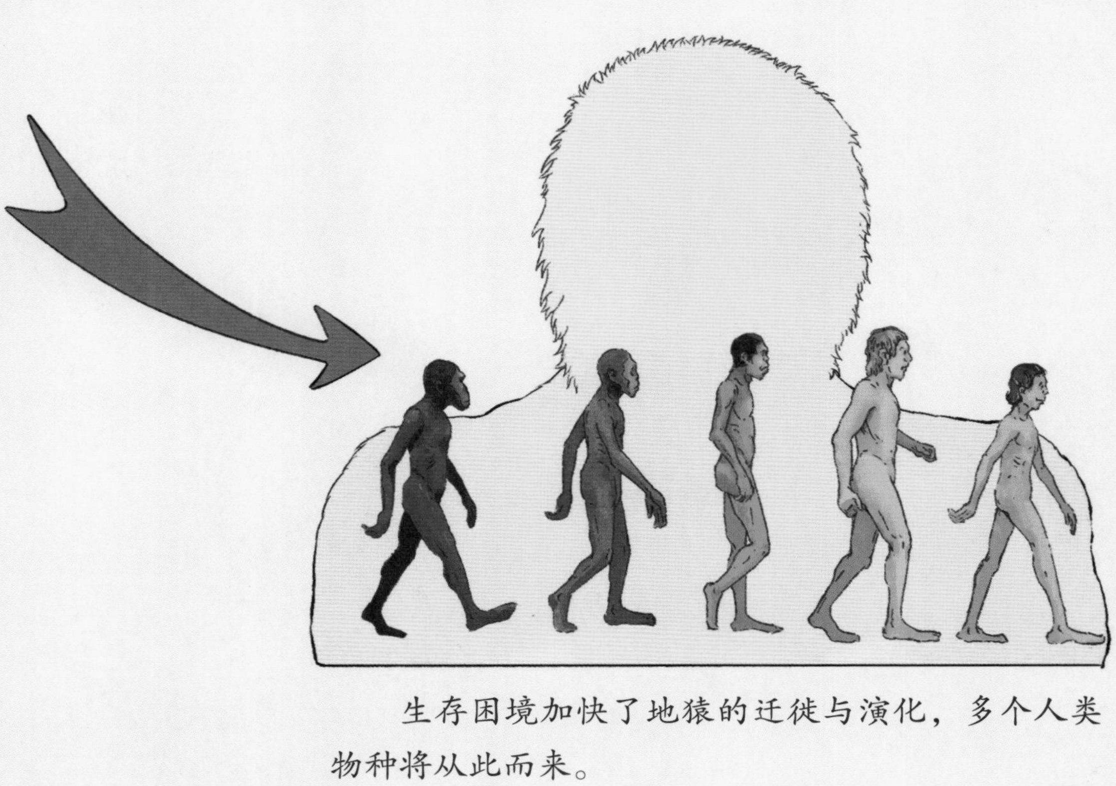

生存困境加快了地猿的迁徙与演化，多个人类物种将从此而来。

人类出现

由于地球气温持续下降，大片非洲雨林变成了草原或稀树草原，食物、栖息地的匮乏，生存竞争的加剧，导致部分灵长类被赶出了原始丛林。

它们开始用双足直立行走在毫无遮挡的草原上，它们的双手也不再需要抓握树枝，而是解放出来去做更多的事，新的演化出现了。

自此，地球上出现了许多外表与现生人类更接近的物种。这批人类祖先走出非洲，向欧亚腹地迈进，成为一支新的灵长类族群。

南方古猿

南方古猿居住在草地与树丛相间的开阔地带。发达的双颌和厚实的臼齿表明南方古猿很可能以植物根部和种子等坚韧的食物为食。

有“人类祖母”之称的露西即是南方古猿中的一种——阿法南方古猿。它们可能已经学会了使用一些简单的工具。

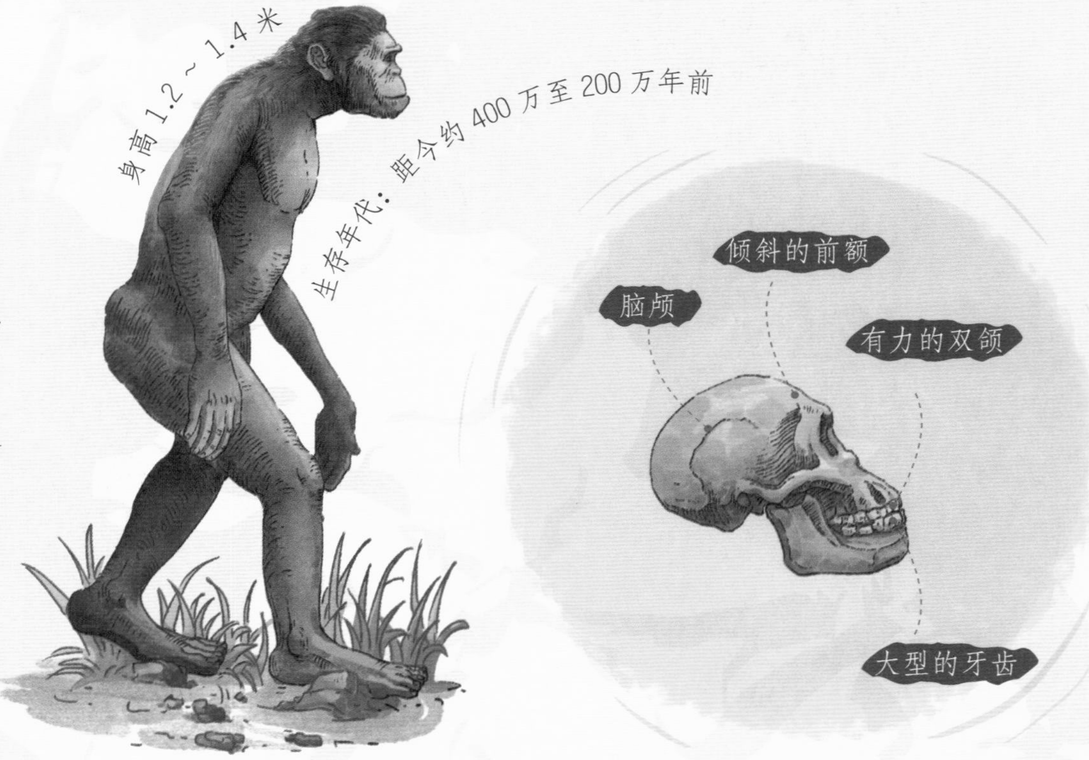

能人

能人是介于南方古猿和猿人之间的过渡类型。他们是目前所知最早能够制造工具的人类祖先。

“能人”的意思就是“能干、手巧的人”。

直立人

居住在温度较高地区的直立人靠流汗散热，全身基本无毛。他们的脑容量已明显增大，已经懂得了如何制作石器工具，甚至学会了如何取火。

尼安德特人

尼安德特人已经能很好地适应寒冷的气候，他们的身体壮硕，可以捕猎巨犀、猛犸等野生动物。

当智人走出非洲，在向欧洲大陆扩张的过程中，尼安德特人逐渐走向了灭绝。有研究称，现代人中除非洲人外，都携带有1.5%到2.1%的尼安德特人基因。

他们的脑容量甚至比后来的智人还要大。

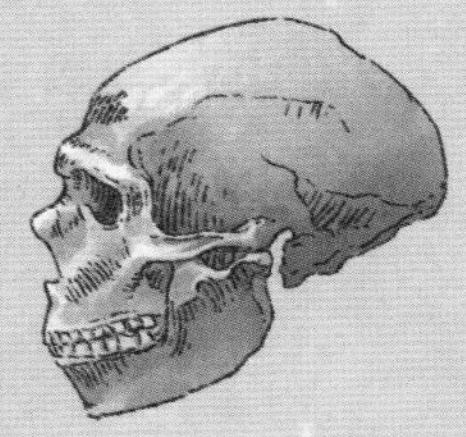

他们制造的石器也更加精巧、多样。而且，尼安德特人已经开始利用火来取暖和烘烤食物。

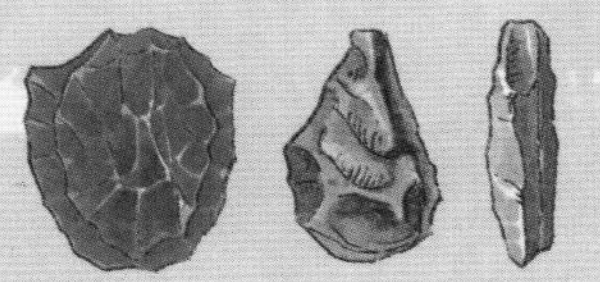

智人

智人是所有现生人类的直系祖先，也是唯一幸存至今的人类物种。约20万年前，智人开始走出非洲向各大陆迁徙，其他较为原始的人类则渐渐消亡了。

拥有复杂大脑的智人在集体生活中渐渐习得了有效的沟通语言，他们的知识共用、技能共享，很快就超越了其他哺乳类、灵长类，并拥有了最初的文化与宗教。

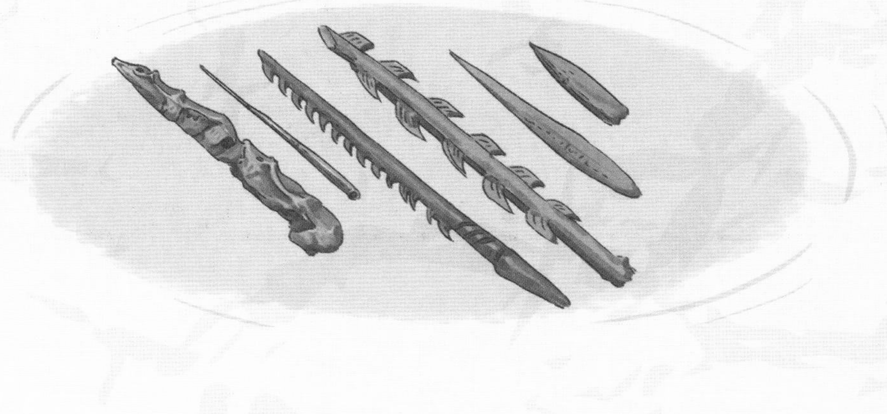

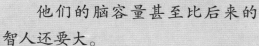

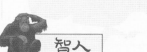

第六次生物大灭绝

“昨天”的生物大灭绝

直到今天，地球已经46亿岁了。

42亿年前，地球上出现了海洋。

35亿年前，地球上又出现了简单的生命体。

自生命诞生以来，地球上曾发生过五次生物大灭绝事件。出现过的生物几近灭绝，幸存下来的只是少数。

发生时间：距今约 4.4 亿年前的奥陶纪末期　后果：约有 85% 的物种灭绝

发生时间：距今约 3.65 亿年前的泥盆纪末期

后果：海洋生物遭到重创

发生时间：距今约 2.5 亿年前的二叠纪末期

后果：约 96% 的物种灭绝，其中 90% 的海洋生物和 70% 的陆地脊椎动物灭绝

发生时间：距今约 2 亿年前　后果：爬行动物遭到重创

发生时间：距今约 6500 万年前

后果：统治地球达 1.6 亿年的恐龙灭绝

第六次生物大灭绝

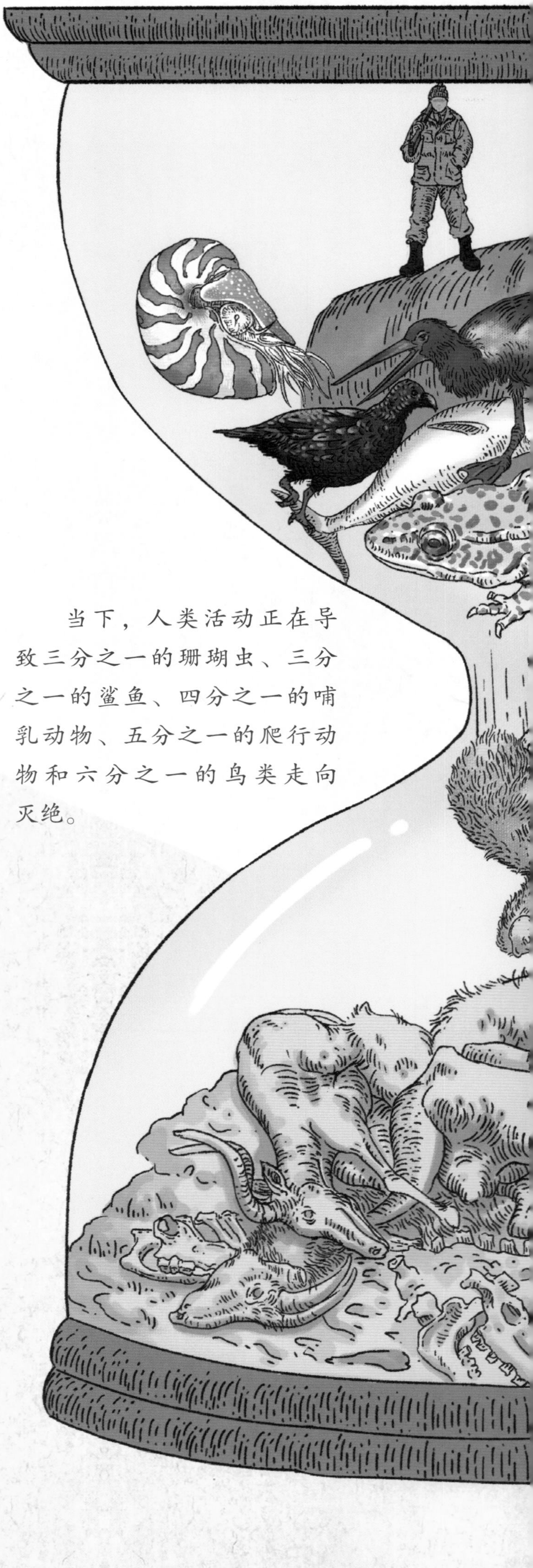

当下，人类活动正在导致三分之一的珊瑚虫、三分之一的鲨鱼、四分之一的哺乳动物、五分之一的爬行动物和六分之一的鸟类走向灭绝。

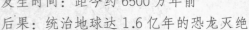

请留住它们

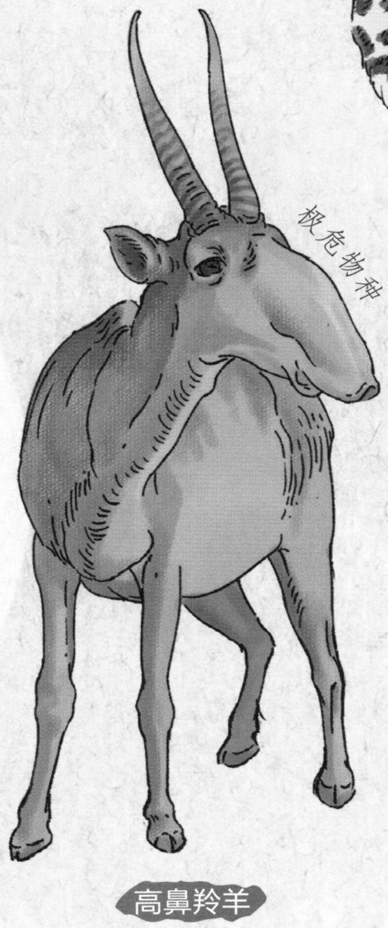

生物一直在灭绝，也一直在演化，当部分生物灭绝后，它们的位置会被其他生物所取代。作为第六次生物大灭绝事件的始作俑者，人类又能幸免于难吗？

挽救其他生物种群，也是在挽救人类自身，没有任何生命是一座孤岛。

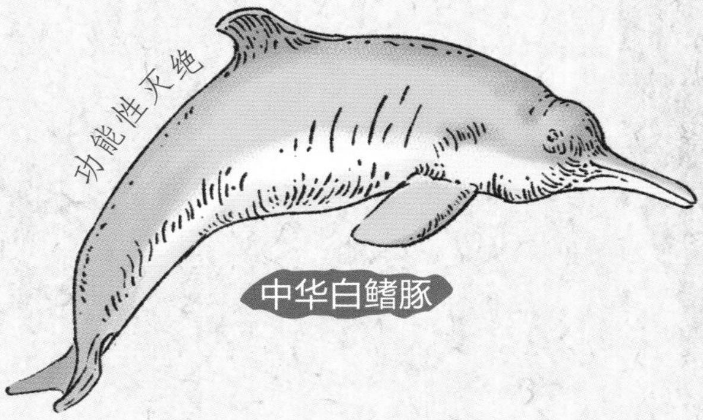

只要地球还在，地球上的生命就不会停止演化。

在漫长的历史长河中，大陆分分合合，气候时暖时寒，生命总会在对环境的适应中找到新的机遇，继续谱写生命的赞歌。

图书在版编目(CIP)数据

自然简史. 史前生物探索之旅 / 恐龙小Q少儿科普馆编. — 北京：北京日报出版社，2022.5

ISBN 978-7-5477-4188-7

Ⅰ. ①自… Ⅱ. ①恐… Ⅲ. ①自然科学史－世界－少儿读物 ②古生物－少儿读物 Ⅳ. ①N091-49 ②Q91-49

中国版本图书馆CIP数据核字(2021)第252476号

自然简史　史前生物探索之旅

出版发行：北京日报出版社
地　　址：北京市东城区东单三条8-16号东方广场东配楼四层
邮　　编：100005
电　　话：发行部：（010）51145692
总编室：（010）65252135
印　　刷：北京天恒嘉业印刷有限公司
经　　销：北京大唐盛世文化发展有限公司
版　　次：2022年5月第1版
2022年5月第1次印刷
开　　本：787毫米×1092毫米　1/8
印　　张：10.5
字　　数：120千字
定　　价：158.00元